高等职业教育酿酒技术专业系列教材

白酒生物化学

主编　赵　军

主审　王　戎　梁宗余

中国轻工业出版社

图书在版编目（CIP）数据

白酒生物化学 / 赵军主编. —北京：中国轻工业
出版社，2024.2
高等职业教育酿酒技术专业系列教材
ISBN 978-7-5184-0568-8

Ⅰ. ①白… Ⅱ. ①赵… Ⅲ. ①白酒 – 食品化学 – 生物
化学 – 高等职业教育 – 教材 Ⅳ. ①TS262.3

中国版本图书馆 CIP 数据核字（2015）第 197717 号

责任编辑：江 娟 贺 娜 责任终审：张乃东 封面设计：锋尚设计
版式设计：锋尚设计 责任校对：吴大鹏 责任监印：张 可

出版发行：中国轻工业出版社（北京鲁谷东街 5 号，邮编：100040）
印 刷：三河市万龙印装有限公司
经 销：各地新华书店
版 次：2024 年 2 月第 1 版第 4 次印刷
开 本：720×1000 1/16 印张：11.75
字 数：234 千字
书 号：ISBN 978-7-5184-0568-8 定价：25.00 元
邮购电话：010-85119873
发行电话：010-85119832 010-85119912
网 址：http://www.chlip.com.cn
Email：club@chlip.com.cn

内 容 简 介

　　本教材选取白酒原料中生物大分子及其在白酒生产中转化为成品酒成分的变化途径，以模块式形式进行编写。按照酿造师、白酒酿造工、食品检验工职业岗位应知应会的要求，选取了糖类及其分解代谢，蛋白质及其分解代谢，脂类及其分解代谢，维生素，酶，白酒生产原料处理、制曲、糖化阶段中的物质变化，白酒生产发酵、蒸馏过程的物质变化等七大模块。

　　本教材内容围绕白酒生产选取，与传统生物化学有所不同，舍弃与酿酒无关的内容，增加酿酒生产中物质变化的内容，加强教材的针对性和职业性。编写中力求理论与实际相结合，突出技能培养，注重素质提升。

　　本书适合作为高职院校生物技术及应用、酿酒技术专业教材，也可作为从事白酒生产技术人员的参考资料。

高等职业教育酿酒技术专业（白酒类）系列教材

编 委 会

主　任　张　毅
副主任　李大和　赵　东　李国红　贺大松　朱　涛
委　员　（按姓氏笔画排序）
　　　　王　赛　卢　琳　先元华　陈　琪
　　　　陈　惠　张敬慧　梁宗余　辜义洪

本书编委会

主　编

赵　军（宜宾职业技术学院）

副主编

尚娟芳（宜宾职业技术学院）

参编人员

高　果（宜宾市食品药品监督管理局）
肖德洪（宜宾市叙府酒业股份有限公司）
刘　艳（宜宾职业技术学院）

主　审

王　戎（宜宾五粮液股份有限公司）
梁宗余（宜宾职业技术学院）

前　言

　　白酒生产是利用微生物的发酵能力将酿酒原料中的生物大分子分解以产生酒精的过程，也是这些生物大分子转化为成品酒风味物质的过程，学习白酒生产技术必须熟悉白酒酿造中的物质变化过程。认识白酒生产原料中主要物质成分和种类，掌握其特性，并熟悉酿酒生产过程中这些物质产生的生物化学变化，清楚酒精的产生机理、白酒成品中主要物质产生的途径，具备一定的成分测定能力和性质检测能力，能够为学习酿酒生产及其调节控制、白酒分析检测打下基础，为胜任白酒酿造生产、白酒分析检测等职业岗位奠定一定的基础。

　　本教材在校企合作机制下，由包含酿酒行业专家在内的教学团队进行工作过程分析，基于酿酒生产工作任务所需要的知识与能力，以酿酒相关国家职业标准为依据，选取教学内容，设计教学情境，构建能力训练项目。

　　本教材编写分工为：绪论、模块一、模块二、模块四、模块五由宜宾职业技术学院赵军编写；模块三、模块六、模块七由宜宾职业技术学院尚娟芳编写；各模块的技能训练部分由宜宾市食品药品监督管理局高果、宜宾市叙府酒业股份有限公司肖德洪、宜宾职业技术学院刘艳编写。书稿由赵军统稿，宜宾五粮液股份有限公司王戎、宜宾职业技术学院梁宗余审稿。

　　由于编者水平所限，书中尚有许多不足之处，敬请专家学者及读者批评指正。

编　者

2015 年 7 月

目　录

绪论 ……………………………………………………………………… 1

　　一、酿酒原料物质 ………………………………………………… 1

　　二、白酒成品的成分 ……………………………………………… 1

　　三、白酒生物化学 ………………………………………………… 3

模块一　糖类及其分解代谢 ……………………………………… 5

　　课题一　糖类概述 ………………………………………………… 5

　　课题二　糖的分解代谢 …………………………………………… 31

　　技能训练 1　粗淀粉含量的测定 ………………………………… 37

　　技能训练 2　植物还原糖的测定 ………………………………… 38

模块二　蛋白质及其分解代谢 …………………………………… 40

　　课题一　蛋白质概述 ……………………………………………… 40

　　课题二　蛋白质分解代谢 ………………………………………… 59

　　技能训练 3　氨基酸纸层析法 …………………………………… 64

　　技能训练 4　紫外吸收法测定蛋白质含量 ……………………… 67

　　技能训练 5　粗蛋白的测定 ……………………………………… 68

　　技能训练 6　蛋白质的性质实验 ………………………………… 71

模块三　脂类及其分解代谢 ……………………………………… 75

　　课题一　脂类概述 ………………………………………………… 75

课题二 脂肪的分解代谢 ·········· 85

技能训练7 粗脂肪的提取 ·········· 90

模块四 维生素 ·········· 92

课题一 维生素概述 ·········· 93

课题二 脂溶性维生素 ·········· 94

课题三 水溶性维生素 ·········· 97

技能训练8 维生素C的定量测定 ·········· 103

模块五 酶 ·········· 106

课题一 酶概述 ·········· 106

课题二 白酒生产中的酶类 ·········· 116

技能训练9 淀粉酶活性的测定 ·········· 126

技能训练10 酶活性影响因素实验 ·········· 128

模块六 白酒生产原料处理、制曲、糖化阶段中的物质变化 ·········· 132

课题一 原料浸润及蒸煮过程中的物质变化 ·········· 134

课题二 制曲及制酒母过程中的物质变化 ·········· 141

课题三 糖化过程中的物质变化 ·········· 145

技能训练11 淀粉糊化度的测定 ·········· 149

模块七 白酒生产发酵、蒸馏过程的物质变化 ·········· 152

课题一 白酒发酵中醇的生成 ·········· 154

课题二 白酒发酵中酸的生成 ·········· 159

课题三 白酒发酵中酯的生成 ·········· 162

课题四 白酒发酵中羰基化合物的生成 ·········· 163

课题五 白酒发酵中其他物质的生成 ·········· 165

课题六 白酒蒸馏过程中的物质变化 ·········· 166

技能训练12 酒精发酵实验 ·········· 171

参考文献 ·········· 173

绪　　论

白酒是以粮谷为原料，用大曲、小曲或麸曲及酒母等为糖化发酵剂，经蒸煮、糖化、发酵、蒸馏而成的饮料酒。白酒生产实际是利用酵母菌、细菌、霉菌等微生物的发酵能力将酿酒原料中的有机物分解以产生酒精，同时产生白酒香气等风味物质的过程。

一、酿酒原料物质

酿酒的原料有粮谷、以甘薯干为主的薯类、代用原料，生产中主要是用前两类原料，代用原料较少。由于白酒的品种不同，使用的原料也各异，而酿酒原料的不同和原料的质量优劣与产出的酒的质量和风格有极密切的关系。"高粱产酒香、玉米产酒甜、大米产酒净、糯米产酒绵、小麦产酒糙"。多种原料酿造使酒中各微量成分比例得当，是形成丰富口感的物质基础。以五粮液为代表的白酒生产原料以高粱、大米、糯米、小麦、玉米为主。

白酒生产中还常常使用稻壳、谷糠、高粱壳等辅料，辅料的加入可以调整酒醅的淀粉浓度、酸度、水分、发酵温度，使用酒醅疏松不腻，有一定的含氧量，保证正常的发酵和提高蒸馏效率。

供酿酒微生物生长的谷类物质称为酒曲，制酒曲主要采用小麦、稻米和麸皮等原料。

二、白酒成品的成分

白酒成品中98%～99%是酒精和水，构成白酒的主干，1%～2%为微量物质。微量物质由微量的有机酸、酯、杂醇、醛、酮、含硫化合物、含氮化合物以及极其微量的无机化合物（固形物）等组成，这些物质含量虽少，但影响白酒的香味和口感，构成了白酒特有的风味。

目前所知，酱香型白酒微量成分达873种，浓香型白酒微量成分达342种，清香型白酒微量成分达178种。在浓香型白酒的342种微量成分中，包含酯类物质99种、羰基化合物（醛、酮）57种、酸类物质55种、含氮化合物38种、醇类物质36种、酚类物质27种、醚类物质14种、呋喃类化合物7种、含硫化合物6种、其他3种。

在白酒微量成分中，有95%～99%是骨架成分，1%～5%是复杂成分。

白酒骨架成分是指含量大于1mg/100mL的微量成分，是白酒的骨架。白酒骨架成分一般有25种。浓香型白酒的骨架成分主要是乙酸乙酯、乳酸乙酯、己酸乙酯、丁酸乙酯、戊酸乙酯、甲酸乙酯等酯类，异戊醇、正丁醇、仲丁醇、异丁醇、正丙醇、仲戊醇、正戊醇、正己醇、2，3－丁二醇等醇类，乙酸、乳酸、己酸、丁酸、丙酸、戊酸、异戊酸等酸类，乙醛、乙缩醛、糠醛等醛类。

白酒复杂成分是指除骨架成分之外的含量小于1mg/100mL的成分，它们虽然含量少但对白酒的风格典型性起着重要作用。

白酒成分比例分布图见图0－1，白酒微量成分比例分布图见图0－2。

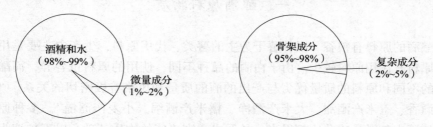

图0-1 白酒成分比例分布图　　图0-2 白酒微量成分比例分布图

白酒中的有机物种类及其作用见表0－1。

表0－1 白酒中的有机物种类及其作用

名称	所含官能团	作用
酯类	$\begin{matrix} O \\ \parallel \\ R-C-O-R' \end{matrix}$	酯类在白酒中起着重要作用，是形成酒体香气的主要因素，己酸乙酯、乙酸乙酯、丁酸乙酯、乳酸乙酯是白酒的重要香味成分
酸类	$\begin{matrix} O \\ \parallel \\ -C-OH \end{matrix}$	酸类主要影响白酒的口感和后味，是影响后味的主要因素，主要包括：乙酸、己酸、丁酸、乳酸等有机酸类
醇类	—OH	醇类除乙醇外，主要包括：异戊醇、正丙醇、异丁醇、正丁醇、仲丁醇等，属于醇甜和助香剂的主要物质来源，对形成酒的风味和促使酒体丰满、浓厚起着重要作用

续表

名称	所含官能团	作用
羰基化合物	$\begin{matrix} O \\ \| \\ -C- \end{matrix}$	羰基类化合物主要指酒中的醛、酮及缩醛等，包括：乙醛、糠醛、双乙酰、乙缩醛等，对白酒的香气有极大的协调和烘托作用
酚类	⬡—OH	酚类在白酒中含量不多，主要包括：4-乙基愈创木酚、丁香酸、香草酸、阿魏酸等，在白酒中起着助香的作用，使酒味绵长
含氮化合物	（吡嗪环 N…N）	白酒中含氮化合物为碱性化合物，主要包括2-甲基吡嗪、2，3-二甲基吡嗪、三甲基吡嗪、四甲基吡嗪等4种含氮化合物
含硫化合物	$R-S$	白酒中的挥发性含硫化合物，大多来自胱氨酸及蛋氨酸等含硫氨基酸，包括硫醇、硫化氢、二乙基硫等，是新酒臭中的主要成分
呋喃类化合物	$\begin{matrix} CH-CH \\ \| \quad \| \\ CH \quad CH \\ \backslash O / \end{matrix}$	白酒中呋喃类化合物中以呋喃甲醛较为突出，是酱香型白酒的特征成分之一，其次还有带羟基的呋喃酮等
醚类	$R-O-R'$	醚类在酒中含量极微，包括有二乙醚、乙二醇醚类、甲乙醚、苯乙醚等

白酒微量成分的呈香呈味功能强弱顺序为醇基（—OH）＞酮基（—CO—）＞羧基（—COOH）＞酯基（—COOR）＞苯基（C_6H_5—）＞氨基（—NH_2）。

三、白酒生物化学

白酒生产其实就是酿酒微生物的发酵过程。高粱、大米、糯米、小麦和玉米等发酵原料属于生物体，进行发酵的主要是这些生物体中的大分子物质。

存在于酿酒原料中的生物大分子有糖类、蛋白质、脂类和核酸等物质，酿酒发酵涉及的生物大分子物质主要为糖类、脂类和蛋白质。酿酒过程也就是这些生物大分子的发酵及转化为成品酒中成分的过程。

白酒生物化学是认识酿酒原料中生物大分子物质及其理化性质，了解酿酒发酵过程中原料中生物大分子进行的生物化学反应，掌握乙醇等酿酒产物产生的途径及其影响因素的一门课程。

白酒生物化学课程是生物技术及应用专业、酿酒技术专业一门专业基础课程。通过课程学习使学生认识白酒生产中主要物质成分和种类，掌握其特性，

　　了解生物大分子在白酒生产中的应用，并熟悉生产过程中生物大分子的生化变化过程，具备一定的成分测定能力和性质检测能力，以便更好地学习理解发酵生产及控制、检测。

　　白酒生物化学的先修课程为无机及分析化学、有机化学，后续课程为白酒酿造技术、白酒分析与检测技术，并与酿酒微生物等课程相衔接。

　　学习白酒生物化学时，应发挥主动性，养成预习、复习的习惯，主动学习。要结合模块中学习任务进行学习，结合白酒生产实际进行学习。同时要养成阅读习惯，查阅白酒生产相关信息和案例，以便于更好地理解白酒生物化学。

模块一　糖类及其分解代谢

模块描述

　　玉米、高粱、小麦、大米、甘薯、马铃薯等白酒生产原料，进行发酵生产主要依靠其中的淀粉等糖类原料，糖类的分解代谢途径是发酵生产主要途径。

知识目标

　　1. 具备糖类概念。

　　2. 熟悉单糖、低聚糖、多糖种类和性质。

　　3. 熟悉白酒生产中重要的糖类。

　　4. 具有糖酵解概念，清楚糖酵解基本途径，理解糖酵解途径的意义。

　　5. 具备糖有氧氧化概念，知道三羧酸循环基本途径，三羧酸循环的特点及意义。

　　6. 有糖类提取和糖含量测定基础能力。

课题一　糖　类　概　述

一、糖的一般概念

（一）糖类的概念

　　糖类也称碳水化合物，是由 C、H、O 三种元素组成的，是多羟基醛或多羟基酮及其衍生物和缩合物的总称，是生物界最重要的化合物之一，也是与酿酒生产等发酵工业关系最为密切的一类化合物，其分子式常用 $C_n(H_2O)_m$ 来表示。

　　糖类是自然界分布最广、数量最多的一类有机化合物，几乎所有植物、动物、微生物等生物有机体中都含有糖，存在于所有人类可食用的植物中。其中植物含糖量多占其干重的 85% ~ 90% ，动物中含糖量不超过其干重的 2% ，微生物的含糖量占其菌体干重的 10% ~ 30% 。

糖类在生物体中主要是细胞的结构物质和贮藏物质，糖在生物体内氧化可以释放大量的能量，是生物体能量的主要供应者，糖类为人体提供日常生活所需的热量，是重要的能量来源与营养来源，糖类提供的热量占总摄入量的 70% ~ 80% 。植物细胞壁由纤维素、半纤维素或果胶物质组成，这三者都是糖类物质；糖和其他物质合成的糖脂和糖蛋白是细胞膜的重要物质；植物中淀粉是主要的糖类贮藏物质，禾谷类植物种子贮藏淀粉较多，因此是酿酒原料物质中的重要成分。

（二）糖的分类

糖类物质可以分为单糖、低聚糖、多糖三类。

1. 单糖

凡不能被水解为更小分子的糖称为单糖，核糖、脱氧核糖、葡萄糖、果糖和半乳糖等是常见的单糖。

单糖可根据分子中含醛基还是酮基而分为醛糖和酮糖，醛糖氧化数最高的 C 原子是一个醛基，有醇和醛的性质，如葡萄糖、麦芽糖、甘油醛等，其中甘油醛是构造最简单的醛糖。酮糖中氧化数最高的 C 原子是一个酮基，如二羟丙酮、赤藓酮糖、木酮糖、果糖、景天庚酮糖等都是天然存在的酮糖。醛糖和酮糖具有醇羟基和羰基的性质，都是还原糖。

根据单糖所含碳原子数目可分为三碳糖（丙糖）、四碳糖（丁糖）、五碳糖（戊糖）、六碳糖（己糖）、七碳糖（庚糖）等，自然界中以 4、5、6 个碳原子的单糖最普遍，甘油醛属于丙醛糖，二羟丙酮是丙酮糖。核糖、脱氧核糖、阿拉伯糖、木糖、核酮糖属于戊糖，其中核糖和脱氧核糖是 DNA 和 RNA 的结构成分。葡萄糖、果糖、半乳糖属于己糖。以上单糖中葡萄糖、果糖、半乳糖、核糖、脱氧核糖等是细胞中最重要的单糖。

2. 低聚糖

凡能被水解成少数（2 ~ 10 个）单糖分子的糖称为寡糖，即含有 2 ~ 10 个糖苷键聚合而成的化合物，糖苷键是一个单糖的苷羟基和另一单糖的某一羟基脱水缩合形成的。寡糖与单糖都可溶于水，多数有甜味，寡糖中双糖最为普遍，重要的双糖有蔗糖、乳糖、麦芽糖、麦芽二糖等。

3. 多糖

凡是水解时产生 10 个以上单糖分子的高分子糖称为多糖。由同一单糖分子构成的多糖为同多糖，如淀粉、纤维素和动物中的糖原，两种以上单糖或单糖衍生物构成的则为杂多糖，如阿拉伯胶。多糖类一般不溶于水，无甜味，不能形成结晶。

　　糖类可与蛋白质、脂类等物质结合形成糖蛋白、糖脂等糖复合物。

二、单糖结构及其性质

（一）单糖的结构

自然界中重要的单糖见图 1-1。

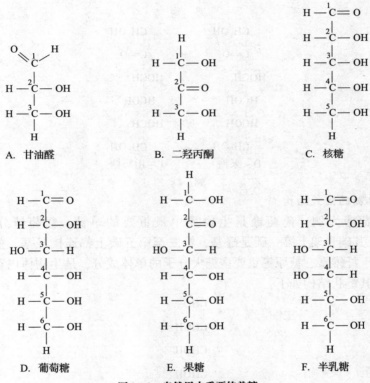

| A. 甘油醛 | B. 二羟丙酮 | C. 核糖 |
| D. 葡萄糖 | E. 果糖 | F. 半乳糖 |

图 1-1　自然界中重要的单糖

　　单糖的种类虽多，但其结构和性质都有很多相似之处，在单糖的开链结构中，一般每个碳原子都与氧原子相连，其中有一个碳原子是以羰基形式存在的，其余的碳原子上都有一个羟基。

己醛糖　　　　　　　　己酮糖

$$
\begin{array}{c}
\text{CHO} \\
\text{H—COH} \\
\text{HOC—H} \\
\text{H—COH} \\
\text{H—COH} \\
\text{CH}_2\text{OH} \\
\text{D–葡萄糖}
\end{array}
\qquad
\begin{array}{c}
\text{CHO} \\
\text{H—COH} \\
\text{HOC—H} \\
\text{HOC—H} \\
\text{H—COH} \\
\text{CH}_2\text{OH} \\
\text{D–半乳糖}
\end{array}
\qquad
\begin{array}{c}
\text{CHO} \\
\text{HOC—H} \\
\text{HOC—H} \\
\text{H—COH} \\
\text{H—COH} \\
\text{CH}_2\text{OH} \\
\text{D–甘露糖}
\end{array}
$$

醛 糖

$$
\begin{array}{c}
\text{CH}_2\text{OH} \\
\text{C=O} \\
\text{HOCH} \\
\text{HCOH} \\
\text{HCOH} \\
\text{CH}_2\text{OH} \\
\text{D–果糖}
\end{array}
\qquad
\begin{array}{c}
\text{CH}_2\text{OH} \\
\text{C=O} \\
\text{HOCH} \\
\text{HCOH} \\
\text{HOCH} \\
\text{CH}_2\text{OH} \\
\text{L–山梨糖}
\end{array}
$$

酮 糖

1. 单糖的链式结构

以葡萄糖为例，葡萄糖是生物界中最重要的单糖，葡萄糖分子式为 $C_6H_{12}O_6$，其碳骨架上第一碳是醛基，第二至第五碳上都连接羟基。葡萄糖是组成淀粉、纤维素、糖原等重要多糖大分子的单体成分，是生物体内重要的能源物质。其链状结构如下：

$$
\begin{array}{c}
\text{CHO} \\
\text{CHOH} \\
\text{CHOH} \\
\text{CHOH} \\
\text{CHOH} \\
\text{CH}_2\text{OH}
\end{array}
$$

果糖、半乳糖与葡萄糖是同分异构体，它们的分子式完全一样，只是结构式不同。

葡萄糖分子中含有 4 个手性碳原子，所连接的四个基团是不同的，因此存在 D、L 两种构型。根据规定，单糖的 D、L 构型由碳链最下端手性碳的构型决定，根据离羰基最远的不对称 C 原子的—OH 位置来分，规定 OH 写在右边的为 D 型，而 OH 写在左边的为 L 型。

天然单糖大多数是 D–构型。天然的葡萄糖和果糖均是 D 型的单糖，但两者的旋光方向不同，前者为右旋，后者为左旋。

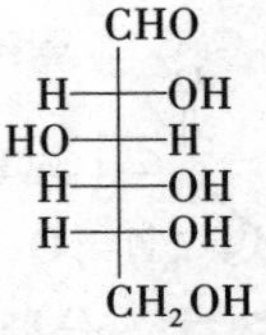

D－（＋）－葡萄糖 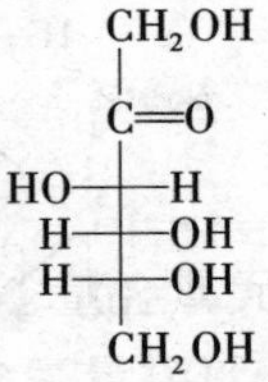　　　D－（－）－果糖

2. 单糖的环式结构

在链式结构后，人们发现葡萄糖的某些性质不能用链式结构来解释。如，葡萄糖不能发生醛的 $NaHSO_3$ 加成反应；葡萄糖不能和醛一样与两分子醇形成缩醛，只能与一分子醇反应；葡萄糖溶液有变旋现象，当新制的葡萄糖溶解于水时，最初的比旋光度是 $+112°$，放置后变为 $+52.7°$，并不再改变。溶液蒸干后，仍得到 $+112°$ 的葡萄糖。把葡萄糖浓溶液在 110℃ 结晶，得到比旋光度为 $+19°$ 的另一种葡萄糖。这两种葡萄糖溶液放置一定时间后，比旋光度都变为 $+52.7°$。我们把 $+112°$ 的称为 $α-D（＋）$ － 葡萄糖，$+19°$ 的称为 $β-D（＋）$ － 葡萄糖。

葡萄糖链式向环式转变见图 1－2。

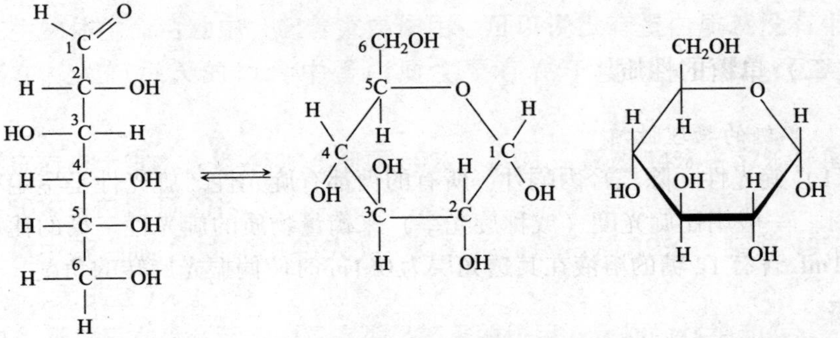

D－链式　　　　　　　　　　　α－D－葡萄糖

图1－2　葡萄糖链式向环式转变

这些现象都是由葡萄糖的环式结构引起的。葡萄糖分子中的醛基可以和 C5 上的羟基缩合形成六元环的半缩醛。这样原来羰基的 C1 就变成不对称碳原子，并形成一对非对映旋光异构体。一般规定半缩醛碳原子上的羟基（称为半缩醛羟基）与决定单糖构型的碳原子（C5）上的羟基在同一侧的称为 α－葡萄糖，不在同一侧的称为 β－葡萄糖。半缩醛羟基比其他羟基活泼，糖的还原性一般指半缩醛羟基。

葡萄糖 α 和 β 结构形式见图 1－3。

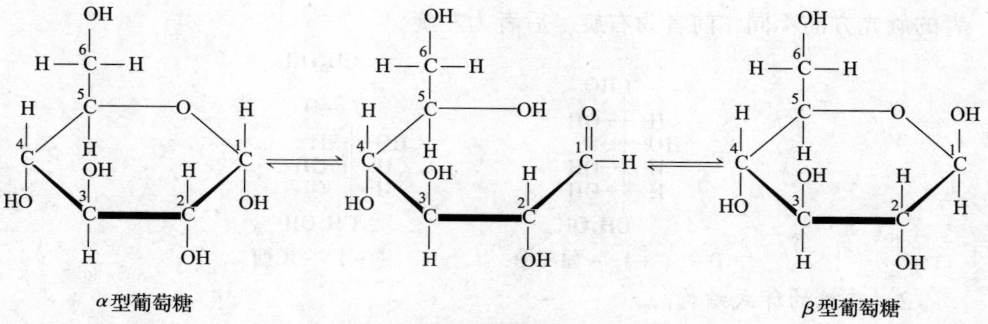

α型葡萄糖　　　　　　　　　　　　　　　　　　　β型葡萄糖

图1-3　葡萄糖结构的α和β结构形式

葡萄糖的醛基除了可以与C5上的羟基缩合形成六元环外，还可与C4上的羟基缩合形成五元环。五元环化合物不甚稳定，天然糖多以六元环的形式存在。五元环化合物可以看成是呋喃的衍生物，称为呋喃糖；六元环化合物可以看成是吡喃的衍生物，称为吡喃糖。因此，葡萄糖的全名应为α－D（＋）－或β－D（＋）－吡喃葡萄糖。

葡萄糖在水溶液中，只有极小部分（＜1%）以链式结构存在，大部分以稳定的环式结构存在。α－和β－糖互为端基异构体，D－葡萄糖在水介质中达到平衡时，β－异构体占63.6%，α－异构体占36.4%，以链式结构存在者极少。

（二）单糖的性质

1. 单糖的物理性质

（1）旋光性　除二羟丙酮外，所有的糖都有旋光性。旋光性是鉴定糖的重要指标。一般用比旋光度（或称旋光率）来衡量物质的旋光性。糖的比旋光度是指1mL含有1g糖的溶液在其透光层为0.1m时使偏振光旋转的角度，通常用α表示。

$$[\alpha]_D^T = \frac{\alpha \times 100}{cL}$$

式中　D——多采用钠光，波长为589.6nm、589nm

　　　α——测得的旋光度

　　　c——糖溶液浓度

　　　L——旋光管的长度，g/100mL

　　　T——测定时温度，一般为20℃

各种糖在20℃（钠）光时的比旋光度数值见表1-1。

（2）溶解度　单糖不溶于丙酮、乙醚等有机溶剂，可溶于水。单糖分子中羟基越多其溶解度越高。各种单糖的溶解度不一样，如，果糖溶解度最高，其

表1-1　各种糖在20℃（钠）光时的比旋光度数值　　　　单位：°

糖类名称	比旋光度	糖类名称	比旋光度
D-葡萄糖	+52.2	D-甘露糖	+14.2
D-果糖	-92.4	麦芽糖	+130.4
D-半乳糖	+80.2	蔗糖	+66.5
L-阿拉伯糖	+104.5	糊精	+195
D-阿拉伯糖	-105.0	淀粉	+196
D-木糖	+18.8	转化糖	-19.8

次葡萄糖。温度对溶解过程和溶解速度具有决定性影响，随着温度升高，单糖的溶解度增大。

（3）甜度　甜度又称比甜度，通常以10%或15%的蔗糖水溶液在20℃时的甜度为100，其他糖的甜度则与之相比较得到。果糖的甜度为175，葡萄糖的甜度为70，该甜度是相对的。

糖甜度的高低与糖的分子结构、相对分子质量、分子存在状态及外界因素有关。如相对分子质量越小，溶解度越小，则甜度也小。甜度强弱顺序为：果糖>蔗糖>葡萄糖>麦芽糖>半乳糖，$\alpha-D-$葡萄糖$>\beta-D-$葡萄糖，$\alpha-D-$果糖$<\beta-D-$果糖。

部分糖、糖醇及甜味剂的相对甜度见表1-2。

表1-2　部分糖、糖醇及甜味剂的相对甜度

名称	甜度	名称	甜度
乳糖	27	蔗糖	100
半乳糖	60	木糖醇	90
麦芽糖	50	转化糖	150
山梨醇	50	果糖	175
木糖	50	天冬苯丙二肽	15000
甘露醇	59	蛇菊苷	30000
葡萄糖	70	糖精	50000
麦芽糖醇	68	应乐果甜蛋白	20000

2. 单糖的化学性质

（1）美拉德反应　美拉德反应又称羰氨反应，是指羰基与氨基经缩合、聚合反应生成类黑色素的反应。产物是棕色缩合物，又称褐变反应。食品加工中美拉德反应现象比较常见，利用美拉德反应在面包、咖啡、红茶、啤酒、糕点、酱油等生产中产生特殊风味，如焙烤面包产生的金黄色，烤肉产生的棕红色，酿造食品中啤酒的黄褐色，酱油和陈醋的褐黑色等均与其有关。

$$
\underset{\text{葡萄糖}}{\begin{array}{c} H \\ | \\ C=O \\ | \\ CHOH \\ | \\ HO-CH \\ | \\ CHOH \\ | \\ CHOH \\ | \\ CH_2OH \end{array}}
\underset{-H_2O}{\overset{R-NH_2}{\rightleftharpoons}}
\underset{\text{席夫碱}}{\begin{array}{c} H \\ | \\ C=N-R \\ | \\ CHOH \\ | \\ HO-CH \\ | \\ CHOH \\ | \\ CHOH \\ | \\ CH_2OH \end{array}}
\longrightarrow \begin{array}{c}\text{复杂高分子色素}\\ \text{（类黑色素）}\end{array}
$$

美拉德反应受水分、pH 等因素影响，在中等水分含量、pH7.8 ~ 9.2 时美拉德反应速率最快，铜、铁等金属离子也能促进反应进行。

弱化美拉德反应可以采取以下措施：降低水分含量，避免铜、铁等金属离子的影响、降低温度、降低 pH、用亚硫酸处理，或去除一种作用物例如降低还原糖的含量。

生产上通过控制原材料、温度及加工方法，可以控制美拉德反应，从而可以制备各种不同风味、香味的物质。

（2）焦糖化反应 糖类尤其单糖在没有氨基化合物存在的情况下，加热到熔点以上的高温（一般是 140℃以上）时，糖会脱水而发生褐变，这种反应称为焦糖化反应，又称卡拉密尔作用。

焦糖色素是利用焦糖反应来制作的食品色素，是我国使用的天然色素之一，安全性高，但加铵盐制成的焦糖色素含 4 - 甲基咪唑，有强致惊厥作用，含量高时对人体造成危害，我国食品卫生法规定焦糖色素在食品中的添加量不得超过 200mg/kg。

（3）单糖的氧化还原反应

① 氧化反应：单糖含有游离羟基，因此具有还原能力。某些弱氧化剂（如铜的氧化物的碱性溶液）与单糖作用时，单糖的羰基被氧化，而氧化铜被还原成氧化亚铜，测定氧化亚铜的生成量，即可测定溶液中的糖含量。实验室常用的斐林试剂就是氧化铜的碱性溶液，由斐林试剂改良的班氏试剂也与醛或醛（酮）糖反应生成氧化亚铜砖红色沉淀，托伦斯试剂被还原后能生成单质银，发生银镜反应。

斐林试剂、班氏试剂、托伦斯试剂均为碱性弱氧化剂，凡能与以上试剂发生反应的糖称为还原糖。

$$单糖 + Cu^{2+} \longrightarrow Cu_2O \downarrow （砖红色） + 复杂的氧化产物$$

$$单糖 + Ag(NH_3)_2^+ \longrightarrow Ag \downarrow （银镜） + 复杂的氧化产物$$

醛糖可以在弱氧化剂溴水作用下形成相应的糖酸，同时使溴水褪色，而酮糖对溴的氧化作用无影响，因此可将酮糖与醛糖分开。

$$
\begin{array}{c}
\text{CHO} \\
\text{CHOH} \\
\text{HO—CH} \\
\text{CHOH} \\
\text{CHOH} \\
\text{CH}_2\text{OH}
\end{array}
\xrightarrow[\text{Br}_2]{[O]}
\begin{array}{c}
\text{COOH} \\
\text{CHOH} \\
\text{HO—CH} \\
\text{CHOH} \\
\text{CHOH} \\
\text{CH}_2\text{OH}
\end{array}
$$

② 还原反应：单糖有游离羰基，所以易被还原。在钠汞齐及硼氢化钠类还原剂作用下，醛糖还原成糖醇，酮糖还原成两个同分异构的羟基醇。如葡萄糖还原后生成山梨糖醇；果糖可还原为山梨糖醇和甘露醇的混合物，木糖被还原为木糖醇。

$$
\begin{array}{c}
\text{CHO} \\
\text{CHOH} \\
\text{HO—CH} \\
\text{CHOH} \\
\text{CHOH} \\
\text{CH}_2\text{OH}
\end{array}
\xrightarrow{[H]}
\begin{array}{c}
\text{CH}_2\text{OH} \\
\text{CHOH} \\
\text{HO—CH} \\
\text{CHOH} \\
\text{CHOH} \\
\text{CH}_2\text{OH}
\end{array}
$$

（4）单糖与碱的作用

① 异构化作用：单糖用稀碱水溶液处理时，可发生异构化反应。例如用稀碱处理 D–葡萄糖时，就得到 D–葡萄糖、D–甘露糖和 D–果糖三种物质的平衡混合物。如果以果糖或甘露糖代替葡萄糖，也可得到相同的平衡混合物，这可能是在碱催化下通过烯醇式中间体来进行的。

D–葡萄糖　烯醇式中间体　D–甘露糖

D–果糖

② 分解反应与糖精酸的生成：单糖在浓碱溶液中不稳定，易发生裂解，产生较小分子的糖、酸、醇和醛等化合物。除了分解外，随碱浓度的增加，或加热作用时间的延长，糖还会发生分子内氧化与重排作用生成羧酸，即糖精酸类化合物。

（5）单糖与酸的作用　酸对于糖的作用因酸的种类、浓度和温度不同而不同。在室温下，稀酸对糖的稳定性无影响，在较高温度下，发生复合反应生成低聚糖。

糖的脱水反应与 pH 有关，同时有色物质的生成量随反应时间和浓度的增加而增高。单糖与强酸共热产生脱水反应，生成糠醛或糠醛衍生物。如戊糖与强酸共热脱水生成糠醛，己糖则生成羟甲基糠醛，然后分解成甲酸、乙酰丙酸、CO 和 CO_2。

$$戊糖 \xrightarrow{脱水} 糠醛$$

$$己糖 \xrightarrow{脱水} 4-羟甲基糠醛、甲酸、二氧化碳、乙酰丙酸$$

糠醛和 4-羟甲基糠醛能与某些酚类作用生成有色的缩合物，此反应可用于鉴定糖。

西利万诺夫试验可用于鉴别酮糖与醛糖，即用间苯二酚与盐酸遇酮糖呈红色，遇醛糖基本不显色。

（6）酯化作用　单糖可以看作多元醇，单糖的所有醇羟基及半缩醛羟基都可与酸作用时生成酯，称为酯化作用，较重要的糖酯是磷酸酯。它们是糖代谢的中间产物。

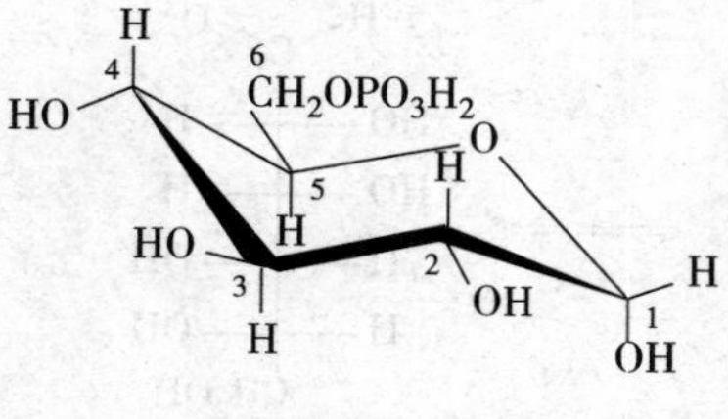

α-D-葡萄糖-6-磷酸

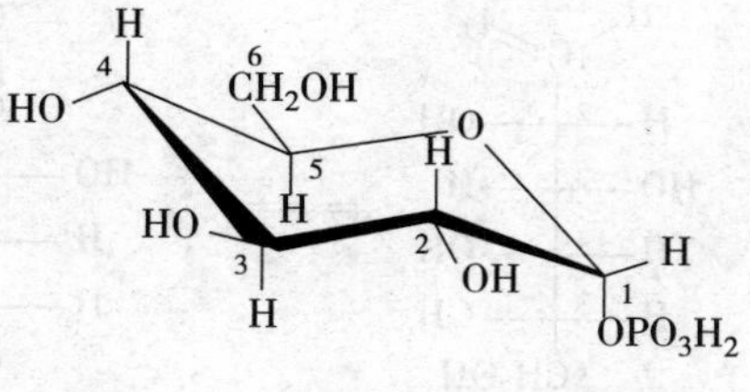

α-D-葡萄糖-1-磷酸

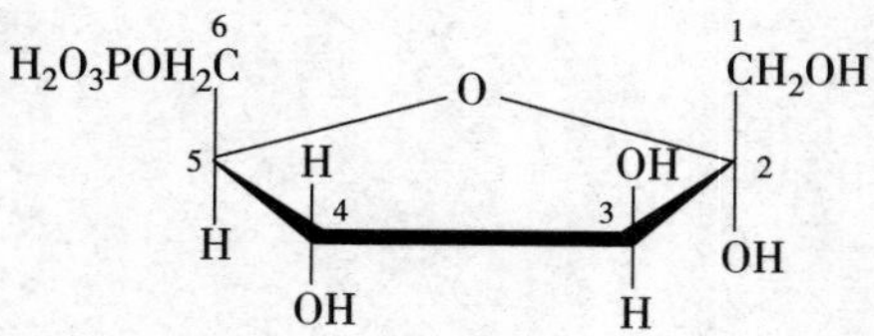

α-D-果糖-6-磷酸

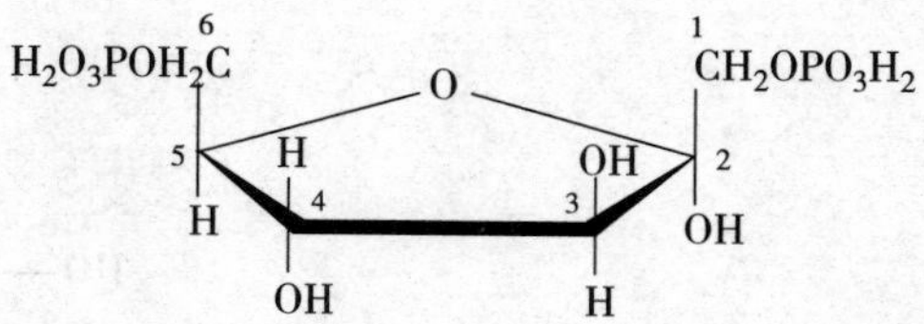

α-D-果糖-1,6-二磷酸

（7）糖脎的生成　单糖和过量的苯肼一起加热即生成糖脎。糖脎生成分三步：单糖先与苯肼作用生成苯腙，然后苯腙中原来和羰基相邻的碳原子上的羟基又被苯肼氧化（苯肼对其他有机物不表现出氧化性）成羰基，然后再与苯肼反应，结果生成糖脎。

$$
\begin{array}{l}
\text{H—C=NNHC}_6\text{H}_5 \\
\text{C=}\boxed{\text{O + H}_2}\text{NNHC}_6\text{H}_5 \\
\text{(CHOH)}_3 \\
\text{CH}_2\text{OH}
\end{array}
\longrightarrow
\begin{array}{l}
\text{H—C=N—NHC}_6\text{H}_5 \\
\text{C=N—NHC}_6\text{H}_5 + \text{H}_2\text{O} \\
\text{(CHOH)}_3 \\
\text{CH}_2\text{OH}
\end{array}
$$

葡萄糖脎

糖脎是黄色结晶，从糖变成糖脎，引入了两个苯肼基，分子质量增加一倍以上，水溶性大大降低，很易析出结晶。不同的糖脎晶型不同，成脎所需要的时间也不同，并各有一定的熔点，所以糖脎反应常用于糖的鉴定。若两种糖生成同一种糖脎，可推知二者的 C3 – C6 都具有相同的结构，可作结构鉴定的依据。如 D – 葡萄糖、D – 甘露糖和 D – 果糖的糖脎是同一物质。

（8）形成糖苷　单糖的半缩醛羟基很易与醇及酚羟基反应，失水而形成缩醛式衍生物，通称糖苷，也称苷。苷多数为无色、无臭的结晶体，一般味苦，大多数的苷能溶于酒精和水，不易结晶，难溶于醚，但也能溶于氯仿和乙酸乙酯中。

α – 甲基–D–葡萄糖苷　　　　　β – 甲基–D–葡萄糖苷

糖苷是比较稳定的化合物，在水溶液中不能再转变成开链结构，所以没有变旋现象，也没有还原性。它们在碱中较稳定，在酸或酶催化下，可发生水解，生成原来的糖和苷元。

$$
\text{糖苷 + 水} \xrightarrow{\text{酸或酶}} \text{糖 + 苷元}
$$

酶水解苷是有选择性的。例如麦芽糖酶只能水解 α – 葡萄糖苷，苦杏仁苷酶只能水解 β – 葡萄糖苷。利用酶水解的选择性，可以鉴别糖苷是 α 异构体还是 β 异构体。

（三）重要的单糖

1. 丙糖

重要的丙糖有 D – 甘油醛和二羟丙酮，它们的磷酸酯是糖代谢的重要中间产物。

$$
\begin{array}{c}
\text{H—C} \overset{\text{O}}{\Big\backslash} \\
\text{H—C—OH} \\
\text{H—C—OH} \\
\text{H} \\
\text{甘油醛}
\end{array}
\qquad
\begin{array}{c}
\text{H} \\
\text{H—C—OH} \\
\text{C}\!=\!\text{O} \\
\text{H—C—OH} \\
\text{H} \\
\text{二羟丙酮}
\end{array}
$$

2. 丁糖

自然界常见的丁糖有 D – 赤藓糖和 D – 赤藓酮糖。它们的磷酸酯也是糖代谢的中间产物。

$$
\begin{array}{c}
\text{CHO} \\
\text{H——OH} \\
\text{H——OH} \\
\text{CH}_2\text{OH} \\
\text{D – 赤藓糖}
\end{array}
\qquad
\begin{array}{c}
\text{CHO} \\
\text{H——OH} \\
\text{CH}_2\text{OH} \\
\text{D – 赤藓酮糖}
\end{array}
$$

3. 戊糖

自然界存在的戊醛糖主要有 D – 核糖、D – 2 – 脱氧核糖、D – 木糖和 L – 阿拉伯糖。它们大多以多聚戊糖或以糖苷的形式存在。戊酮糖有 D – 核酮糖和 D – 木酮糖，均是糖代谢的中间产物。

$$
\begin{array}{c}
\text{CHO} \\
\text{C}\!=\!\text{O} \\
\text{H——OH} \\
\text{H——OH} \\
\text{CH}_2\text{OH} \\
\text{D – 核酮糖}
\end{array}
\qquad
\begin{array}{c}
\text{CHO} \\
\text{C}\!=\!\text{O} \\
\text{HO——H} \\
\text{H——OH} \\
\text{CH}_2\text{OH} \\
\text{D – 木酮糖}
\end{array}
$$

（1）D – 核糖　D – 核糖是所有活细胞的普遍成分，它是核糖核酸（RNA）的重要组成成分。在核苷酸中，核糖以其醛基与嘌呤或嘧啶的氮原子结合，而其 2、3、5 位的羟基可与磷酸连接。核糖在衍生物中总以呋喃糖的形式出现。它的衍生物核醇是维生素 B_2 和辅酶的组成成分。D – 核糖的比旋光度是 23.7°。

细胞核中还有 D – 2 – 脱氧核糖，它是脱氧核糖核酸（DNA）的组分之一。它和核糖一样，以醛基与含氮碱基结合，但因 2 位脱氧，只能以 3，5 位的羟基与磷酸结合。D – 2 – 脱氧核糖的比旋光度是 60°。

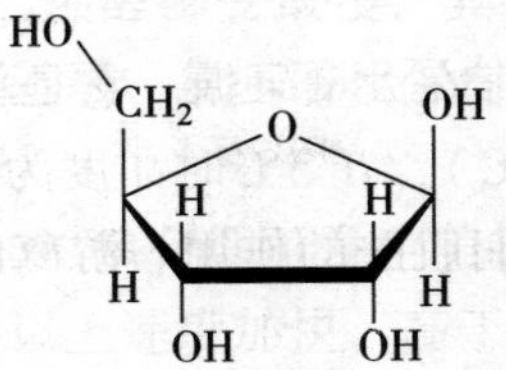

D－核糖 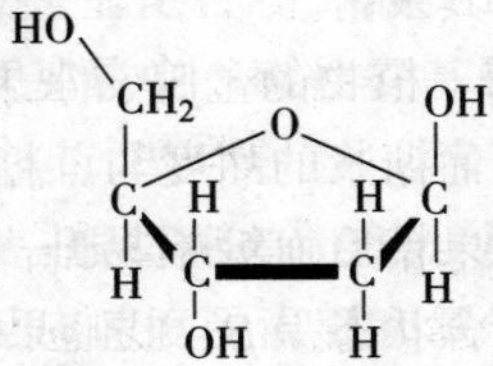　　　　　　　　　　　D－2－脱氧核糖

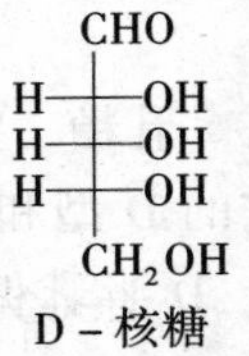

D－核糖 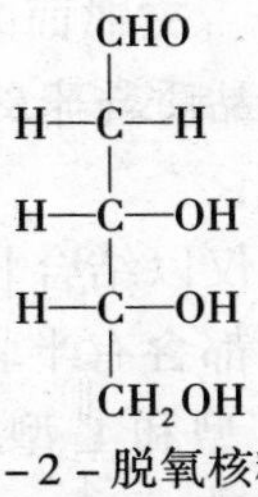　　　　D－2－脱氧核糖

（2）L－阿拉伯糖　阿拉伯糖在高等植物体内以结合状态存在。它一般结合成半纤维素、树胶及阿拉伯树胶等。最初是在植物产品中发现的，熔点160℃，比旋光度＋104.5°。酵母不能使其发酵。

（3）木糖　木糖在植物中分布很广，以结合状态的木聚糖存在于半纤维素中。木材中的木聚糖达30%以上。陆生植物很少有纯的木聚糖，常含有少量其他的糖。动物组织中也发现了木糖的成分。熔点143℃，比旋光度＋18.8°。酵母不能使其发酵。

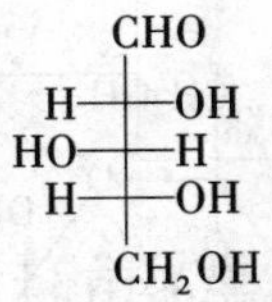

D－木糖 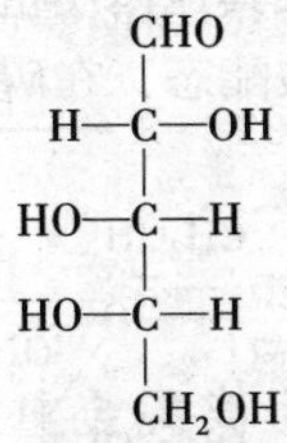　　　　　　L－阿拉伯糖

4．己糖

重要的己醛糖有 D－葡萄糖、D－甘露糖、D－半乳糖，重要的己酮糖有D－果糖、D－山梨糖。

（1）葡萄糖　葡萄糖是生物界分布最广泛最丰富的单糖，多以 D 型存在。它是人体内最主要的单糖，是糖代谢的中心物质。在绿色植物的种子、果实及蜂蜜中有游离的葡萄糖，蔗糖由 D－葡萄糖与 D－果糖结合而成，糖原、淀粉和纤维素等多糖也是由葡萄糖聚合而成的。在许多杂聚糖中也含有葡萄糖。

葡萄糖是己醛糖，是无色晶体，熔点146℃。比旋光度＋52.5°，呈片状结晶，酵母可使其发酵。

（2）果糖　植物的蜜腺、水果及蜂蜜中存在大量果糖。它是单糖中最甜的糖类，42%果葡糖浆的甜度与蔗糖相同（40℃），在5℃时甜度为143，适于制作冷饮。食用果糖后血糖不易升高，且有滋润肌肤的作用。游离的果糖为β-吡喃果糖，结合状态呈β-呋喃果糖。

果糖是己酮糖，呈无色针状结晶，熔点102～104℃。比旋光度为92.4°，酵母可使其发酵。

（3）甘露糖　是植物黏质与半纤维素的组成成分。比旋光度+14.2°。酵母可使其发酵。

（4）半乳糖　半乳糖仅以结合状态存在。乳糖、蜜二糖、棉籽糖、琼脂、树胶、黏质和半纤维素等都含有半乳糖。它的D型和L型都存在于植物产品中，如琼脂中同时含有D型和L型半乳糖。D半乳糖熔点167℃，比旋光度+80.2°，可被乳糖酵母发酵。

（5）山梨糖　山梨糖为酮糖，存在于细菌发酵过的山梨汁中，是合成维生素C的中间产物，在制造维生素C工艺中占有重要地位，又称清凉茶糖。其还原产物是山梨糖醇，存在于桃李等果实中。熔点159～160℃，比旋光度43.4°。

5. 庚糖

庚糖主要存在于高等植物中。最重要的有D-景天庚酮糖和D-甘露庚酮糖。前者存在于景天科及其他肉质植物的叶子中，以游离状态存在。它是光合作用的中间产物，呈磷酸酯态，在碳循环中占重要地位。后者存在于樟梨果实中，也以游离状态存在。

葡萄糖　　　　甘露糖　　　　半乳糖　　　　果糖

（四）单糖的重要衍生物

1. 糖醇

糖的羰基被加氢还原生成相应的糖醇，如葡萄糖加氢生成山梨醇。糖醇溶于水及乙醇，较稳定，有甜味，不能还原斐林试剂。常见的有甘露醇和山梨醇。甘露醇广泛分布于各种植物组织中，熔点106℃，比旋光度0.21°，是制取甘露醇的原料。山梨醇在植物中分布也很广，熔点97.5℃，比旋光度1.98°。

山梨醇氧化时可形成葡萄糖、果糖或山梨糖。

糖的羟基被脱氧还原生成脱氧糖。除脱氧核糖外还有两种脱氧糖：L-鼠李糖和6-脱氧-L-甘露糖（岩藻糖），它们是细胞壁的成分。

2. 糖醛酸

单糖具有还原性，可被氧化。糖的醛基被氧化成羧基时生成糖酸，糖的末端羟甲基被氧化成羧基时生成糖醛酸。重要的有 D-葡萄糖醛酸、半乳糖醛酸等。葡萄糖醛酸是肝脏内的一种解毒剂，半乳糖醛酸存在于果胶中。

3. 氨基糖

单糖的羟基（一般为 C2）可以被氨基取代，形成糖胺或称氨基糖。自然界中存在的氨基糖都是氨基己糖。D-葡萄糖胺是甲壳质（几丁质）的主要成分。甲壳质是组成昆虫及甲壳类结构的多糖。D-半乳糖胺是软骨类动物的主要多糖成分。糖胺是碱性糖。糖胺氨基上的氢原子被乙酰基取代时，生成乙酰氨基糖。

4. 糖苷

单糖半缩醛羟基能与另一个分子（如，醇、糖、嘌呤或嘧啶）的羟基、胺基或巯基缩合形成含糖衍生物，称为糖苷。糖苷可分为两部分，一部分是糖的残基（糖去掉半缩醛羟基），另一部分是配基（非糖部分），缩合连接的键称为糖苷键。糖苷键可以通过氧、硫、氮原子彼此连接起来，它们的糖苷分别简称为 O-苷、S-苷、N-苷或 C-苷。当糖苷的配基是糖的时候，就缩合成双糖、低聚糖和多糖。

糖苷广泛分布于植物的根、茎、叶、花和果实中。糖苷可用作药物，很多中药的有效成分就是糖苷，例如车前、甘草、陈皮、柴胡、桔梗、远志等，都是含糖苷的药物。

由于立体构型的不同，糖苷有 α- 和 β- 两类型，葡萄糖的苷和其他糖的苷，大多数是 β- 型糖苷。

5. 糖酯

单糖醇羟基与酸作用生成的酯类物质，主要是糖的磷酸酯和糖的硫酸酯。

三、低聚糖

（一）低聚糖概念

低聚糖是由 2~10 个单糖分子通过糖苷键构成的聚合物，低聚糖也称寡糖。普遍存在于自然界中，可溶于水，有甜味，有旋光活性，在与稀酸共同加热或在酶的作用下可以水解成单糖。甜度通常只有蔗糖的30%～60%，是国际上颇为流行的一类有保健功能的糖类。

自然界分布的主要是双糖、三糖。低聚糖中以双糖分布最为普遍，双糖也称为二糖，是由2分子的单糖失水形成的，其单糖单体可以是相同的，也可以是不同的，故可分为同聚二糖和杂聚二糖。同聚二糖如麦芽糖、异麦芽糖、纤维二糖、海藻二糖，杂聚二糖如蔗糖、乳糖等。

低聚糖广泛应用于饮料、酸奶、冷饮、乳品、糕点、面包、果冻、果浆、糖浆以及动物饲料中。

糖苷键的形成见图1－4。

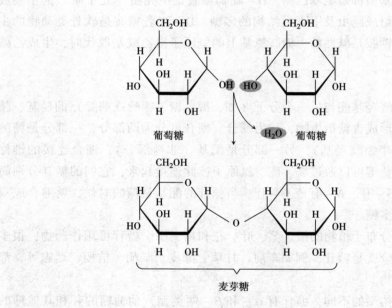

图1－4　糖苷键的形成

下面为几种低聚二糖糖苷键结合方式。

1. 麦芽糖

麦芽糖是由葡萄糖和葡萄糖合成的二糖，1分子 α－D－葡萄糖 C1 上的苷羟基与另 1 分子 α－D－葡萄糖 C4 上的醇羟基之间脱水缩合，通过 α－1，4 糖苷键连接而成的。

麦芽糖通过 α－1，4－糖苷键连接见图1－5。

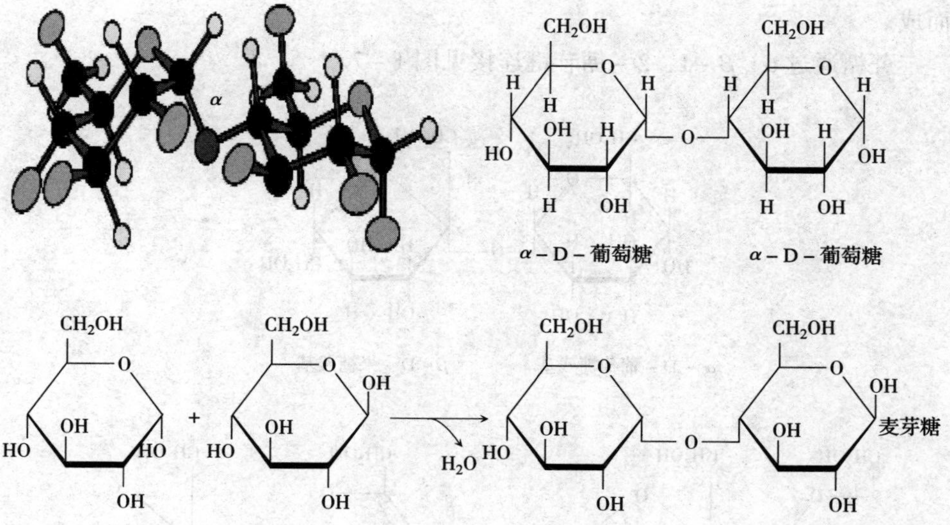

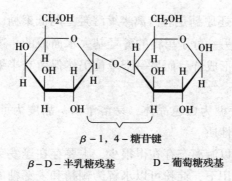

α–D–葡萄糖　　　　α–D–葡萄糖

图 1–5　麦芽糖通过 α–1，4–糖苷键连接

2. 乳糖

乳糖是由半乳糖和葡萄糖合成的二糖，1 分子 β–半乳糖 C1 上的苷羟基与另 1 分子 D–葡萄糖 C4 上的醇羟基之间脱水缩合，通过 β–1，4–糖苷键连接而成。

乳糖通过 β–1，4–糖苷键连接见图 1–6。

β–1，4–糖苷键

β–D–半乳糖残基　　　　　D–葡萄糖残基

图 1–6　乳糖通过 β–1，4–糖苷键连接

3. 蔗糖

蔗糖是由葡萄糖和果糖合成的二糖，1 分子 α–D–葡萄糖 C1 上的半缩醛

羟基与 β - D - 果糖 C2 上的半缩醛羟基失去 1 分子水，通过 1，2 - 糖苷键连接而成。

蔗糖通过 α，β - 1，2 - 糖苷键连接见图 1 - 7。

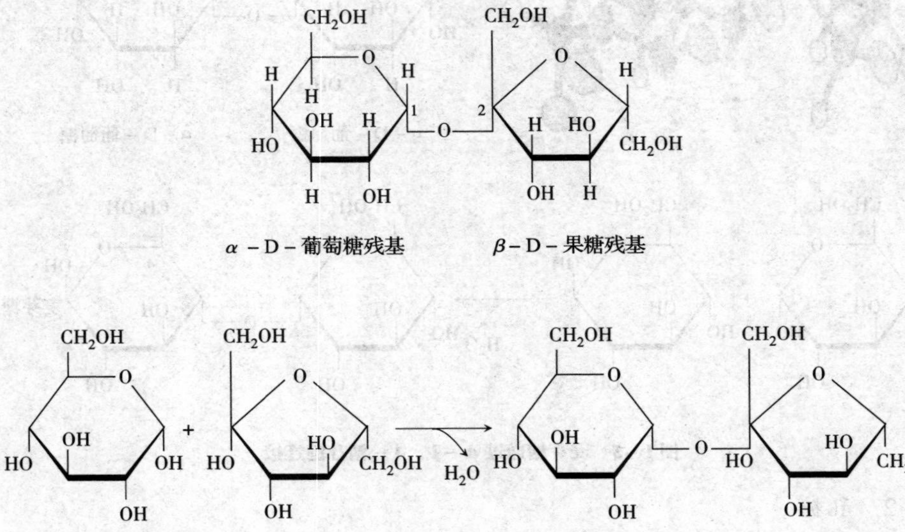

α - D - 葡萄糖残基　　　　β - D - 果糖残基

图 1 - 7　蔗糖通过 α，β - 1，2 - 糖苷键连接

（二）低聚糖的一般性质

1. 二糖

（1）还原二糖　还原糖是有游离半缩醛羟基的低聚糖，可以看作是一分子单糖的半缩醛羟基与另一分子单糖的醇羟基失水而成的。这样形成的二糖分子中，有一个单糖单位形成苷，而另一个单位仍然保留有半缩醛基。麦芽糖、乳糖是常见的还原二糖。

① 麦芽糖：麦芽糖为白色晶体，易溶于水，甜度为蔗糖的 46%，麦芽糖具有一般单糖的化学性质。

麦芽糖在自然界以游离态存在得很少，主要存在于发芽的谷粒，尤其是麦芽中，在淀粉酶的作用下，淀粉可以水解为糊精和麦芽糖的混合物，其中麦芽糖占 1/3，这种混合物是饴糖的主要成分。饴糖具有一定的黏度，流动性好，有亮度，可用于制作糖果、糖浆等食品。

② 乳糖：乳糖是由 1 分子 β - D - 半乳糖与 1 分子 D - 葡萄糖以 β - 1，4 - 糖苷键连接的二糖。在乳糖的分子结构中具有半缩醛羟基，因此乳糖具有还原

性，有变旋现象，能被酸、苦杏仁酶和乳糖酶水解。

乳糖存在于哺乳动物的乳汁中，人乳中含量为 5% ~8% ，牛羊乳中含量为 4% ~5% ，乳糖能溶于水，无吸湿性，甜度为蔗糖的39% ，人乳和牛乳等中含有的乳糖结构不同，被消化吸收状况不同。乳糖的存在可以促进婴儿肠道双歧杆菌的生长。乳酸菌使乳糖发酵变为乳酸。在乳糖酶的作用下，乳糖可水解成 D - 葡萄糖和 D - 半乳糖而被人体吸收。乳糖容易吸收香气成分和色素，所以在食品加工中可用它来传递这些物质。

③ 纤维二糖：纤维二糖是由 2 分子 D - 葡萄糖通过 $\beta - 1$，4 - 糖苷键连接而成，能被苦杏仁酶水解而不能被麦芽糖酶水解，是 β - 葡萄糖苷。纤维二糖分子结构中也保留有一个半缩醛羟基，所以具有还原性，有变旋现象。

纤维二糖在自然界中以结合态存在，是纤维素水解的中间产物。人的体内只有 $\alpha - 1$，4 - 糖苷键的消化酶，不含 $\beta - 1$，4 - 糖苷键酶，所以膳食纤维在人体无法消化。

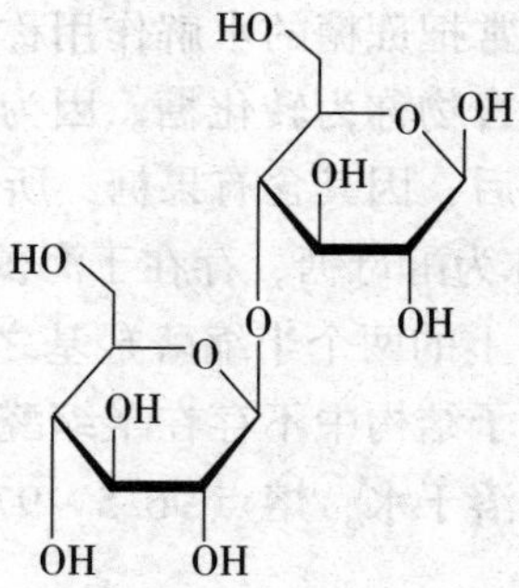

纤维二糖

（2）非还原二糖　非还原二糖是由一分子单糖的半缩醛羟基与另一分子单糖的半缩醛羟基失水而成的，这类二糖分子中由于不存在游离半缩醛羟基，因而无还原性，无变旋现象。如甜味剂蔗糖和海藻糖。

① 蔗糖：蔗糖是食物中主要的低聚糖，是一种典型的非还原性糖，也是一种杂聚二糖，它是由一分子 $\alpha - D$ - 葡萄糖 C1 上的半缩醛羟基与 $\beta - D$ - 果糖 C2 上的半缩醛羟基失去 1 分子水，通过 1，2 - 糖苷键连接而成的二糖。蔗糖分子中没有保留半缩醛羟基，因此它没有还原性，也没有变旋现象。

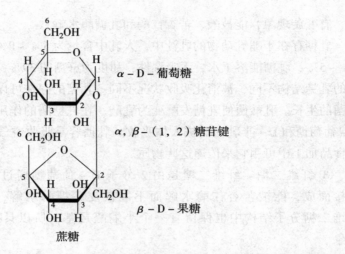

蔗糖

　　蔗糖是最重要的甜味剂，但近来发现许多疾病可能与过多摄入蔗糖有关，比如龋齿、肥胖、高血压、糖尿病。蔗糖是无色晶体，易溶于水，在稀酸或酶的作用下得到葡萄糖和果糖的等量混合物。由于在水解的过程中，溶液的旋光度由右旋变为左旋，因此通常把蔗糖的水解作用称为转化作用。转化作用所生成的等量葡萄糖与果糖的混合物称为转化糖。因为蜜蜂体内有蔗糖酶，所以蜂蜜中存在转化糖。蔗糖水解后，因其含有果糖，所以甜度比蔗糖大。

　　② 海藻糖：海藻糖又称为酵母糖，存在于海藻、昆虫和真菌体内。它是由两分子 $\alpha - D -$ 葡萄糖在 C1 上的两个半缩醛羟基之间脱水，通过 $\alpha - 1$, 1 - 糖苷键结合而成的二糖。其分子结构中不存在半缩醛羟基，所以也是一种非还原性糖。海藻糖为白色晶体，溶于水，熔点 $96.5 \sim 97.5℃$，是各种昆虫血液中的主要血糖。

　　2. 三糖

　　常见的三糖有棉籽糖、龙胆三糖、水苏糖、麦芽三糖等。最常见的、广泛游离在自然界中的是棉籽糖。在棉籽、桉树的干性分泌物以及甜菜中含量较多，它是由 1 分子 $\alpha - D -$ 半乳糖、1 分子 $\alpha - D -$ 葡萄糖、1 分子 $\beta - D -$ 果糖组成。

　　棉籽糖易溶于水，甜度为蔗糖的 20% ～ 40%，微溶于乙醇，不溶于石油醚，其吸湿性在所有的糖中是最低的，为非还原性低聚糖。

　　3. 其他低聚糖

　　果葡糖浆是由葡萄糖和果糖组成的混合糖糖浆。

　　环状糊精是由 D - 葡萄糖以 $\alpha - 1$, 4 - 糖苷键连接而成的环状低聚糖，是淀粉经酸解环化生成的产物。

　　低聚果糖是由蔗糖分子的果糖残基上通过 $\beta - 2$, 1 - 糖苷键连接 1～3 个果糖基而成的蔗果三糖、蔗果四糖及蔗果五糖组成的混合物。

低聚木糖是由 $2 \sim 7$ 个木糖以 $\beta - 1，4 -$ 糖苷键连接而成的低聚糖。

（三）食品中单糖和低聚糖的功能

1．甜味

人所能感觉到的甜味因糖的组成、构型和物理形态而异。低分子质量糖类多具有甜味。将蔗糖的甜度定为 100，其他糖的甜度是与其相比较得来。优质的糖应甜味纯正，甜度适宜，达到最甜和消失甜味的速度都很快等。糖醇在甜味、低热量、无致龋齿等方面优于其母糖，故被广泛用作甜味剂使用。

2．吸湿性、保湿性

吸湿性是指糖在空气湿度较高的情况下吸收水分的情况。保湿性是指糖在较高空气湿度下吸收水分在较低空气湿度下散失水分的性质。吸湿性顺序为果糖、转化糖 > 葡萄糖、麦芽糖 > 蔗糖。

生产硬糖要求生产材料的吸湿性低，如蔗糖；生产软糖的材料要求吸湿性高，如转化糖和果葡糖浆。

3．结晶性

结晶性顺序为蔗糖 > 葡萄糖 > 果糖、转化糖。糖溶液越纯越容易结晶，非还原性低聚糖相对容易结晶，某些还原性糖产生内在"不纯"而难以结晶。混合的糖比单一的糖难结晶，如淀粉糖浆是葡萄糖、低聚糖和糊精的混合物，自身不能结晶并能防止蔗糖结晶。

生产硬糖不能完全使用蔗糖，当熬煮到水分含量到 3% 以下时，蔗糖就结晶，不能得到坚硬、透明的产品。一般在生产硬糖时添加一定量的（30% ~ 40%）的淀粉糖浆。

生产硬糖时添加一定量淀粉糖浆的优点：

（1）不含果糖，不吸湿，糖果易于保存。

（2）糖浆中含有糊精，能增加糖果韧性。

（3）糖浆甜味较低，可缓冲蔗糖的甜味，使糖果的甜味适中。

4．风味结合功能

糖可使糖 - 水的相互作用转变为糖 - 风味物质的相互作用。这样就保持了食品的色泽和风味，食品中的风味成分主要包括羰基化合物（醛和酮），以及羧酸衍生物（主要是酯类）。

双糖和分子质量较大的低聚糖比单糖更能有效结合风味。

5．褐变在食品中的作用

糖类的非氧化褐变反应除了产生深颜色类黑精色素外，同时还产生了很多挥发性的风味物质。烘烤食品、酿造食品等要适当地褐变。牛奶、豆奶等蛋白饮品和果蔬脆片要防止褐变。

甲壳低聚糖等杂多糖能降低肝脏和血清中的胆固醇，增强人体的免疫功能，具有强的抗癌性，能使乳糖酶的活性提高，能治疗消化性溃疡和胃酸过多症，是双歧杆菌的增殖因子。

另外，真菌多糖、南瓜多糖等均具有较好的保健作用。

四、多糖

（一）多糖的概念

多糖是由多个单糖单位通过糖苷键连接起来的高分子化合物，在一定的条件下，糖苷键断裂，完全水解后最终产物是单糖。

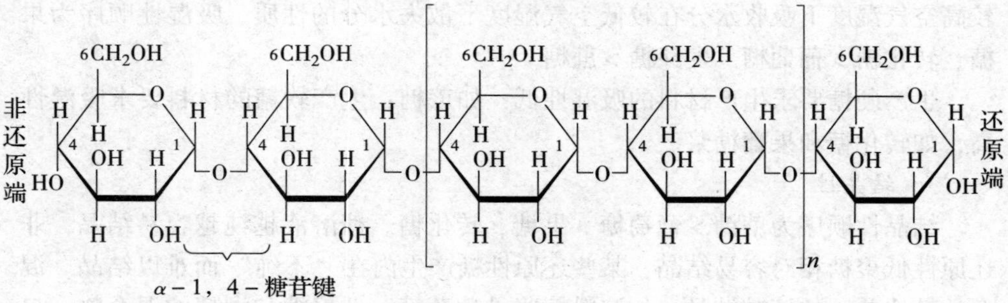

$\alpha-1,4-$糖苷键

多糖是细胞的重要支撑材料，是细胞壁的主要结构成分。青霉素之所以能够抑制革兰阳性菌的生长，就是阻止了细胞壁中特殊糖链的形成。多糖可以是一条很长的直链，也可以有分支。

多糖广泛分布于动物和植物界。一些不溶性的多糖构成植物和动物的骨架，如植物的纤维素和动物的甲壳素，一般称为结构多糖。另一些在生物体内作为能量储存，如淀粉和糖原，在需要时可以通过生物体内酶系统的作用分解，释放出单糖。

多糖的性质有以下四点：

（1）无甜味，无还原性。

（2）不溶于水，大多数难以消化，如纤维素和半纤维素。

（3）不同水溶性多糖分子可形成不同特性的凝胶。

（4）多糖在酶或酸的作用下依水解程度不同而生成单糖残基数不同的糖类物质，最后完全水解生成单糖。

多糖种类为以下两种：

（1）同聚多糖 同聚多糖由同一种单糖聚合而成，如淀粉、糖原、纤维素是由葡萄糖聚合成的，也称均一多糖。

（2）杂聚多糖　杂聚多糖由多种单糖及其衍生物组成，如多糖胶（D-葡萄糖：D-甘露糖：D-葡萄糖醛酸=2:2:1），也称不均一多糖。

同聚多糖见图1-8。

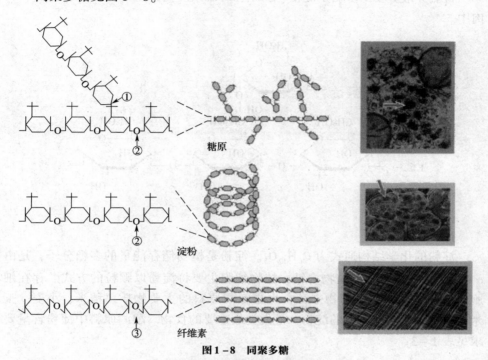

糖原

淀粉

纤维素

图1-8　同聚多糖

图中的圆圈数字表示不同的连接方式

杂聚多糖见图1-9。

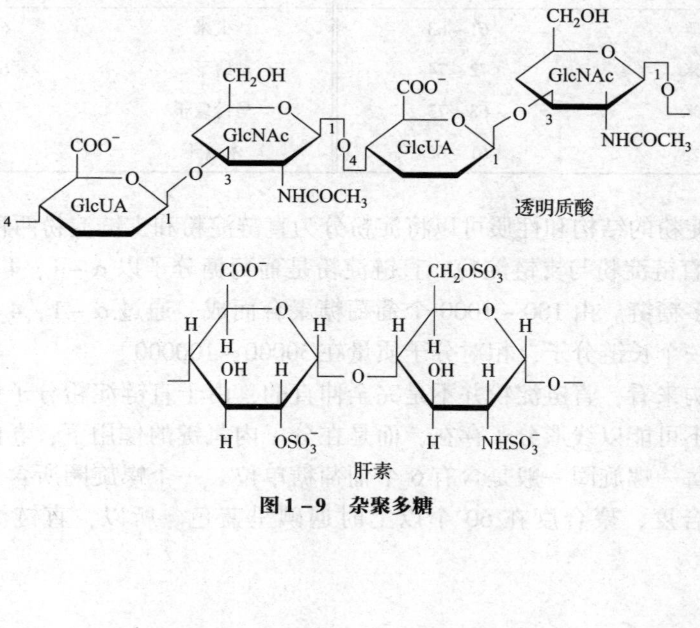

透明质酸

肝素

图1-9　杂聚多糖

（二）重要的多糖

自然界最重要的多糖是淀粉、糖原和纤维素。糖原主要存在于动物肝、肌肉中。

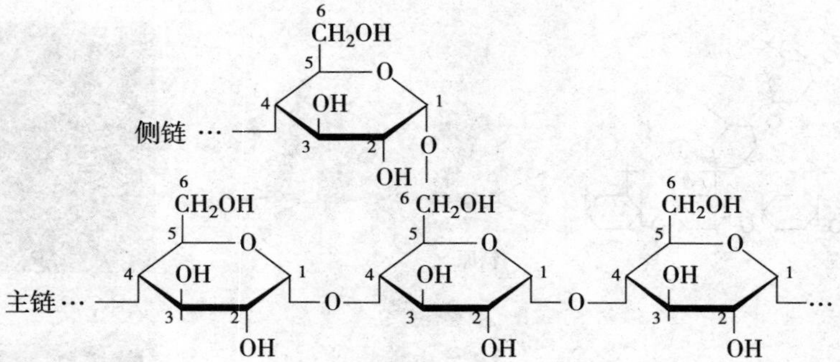

淀粉

1. 淀粉

淀粉的化学结构通式为 $C_6H_{10}O_5$。淀粉是植物储存能量的多糖分子，是由 α – 葡萄糖单体组成的植物多糖，植物细胞主要将淀粉以颗粒的方式贮存在细胞内，是人类的主要食物来源，也是酿酒原料的主要物质。稻米、小麦、玉米、马铃薯等含有丰富的淀粉，是人类最重要的食物。酿酒原料中淀粉含量要求见表 1-3。

表 1-3　酿酒原料中淀粉含量要求　　　　　单位:%

名称	淀粉	名称	淀粉
高粱	61 ~ 63	玉米	62 ~ 70
大米	72 ~ 74	薯干	68 ~ 70
糯米	68 ~ 73	马铃薯干	63.48
小麦	61 ~ 65	木薯干	72.1

根据淀粉的结构和性质可以将淀粉分为直链淀粉和支链淀粉两种。

（1）直链淀粉与支链淀粉　直链淀粉是葡萄糖分子以 α – 1，4 – 糖苷键缩合而成的多糖链。由 100 ~ 1000 个葡萄糖聚合而成，通过 α – 1，4 – 糖苷键连接而成的一个长链分子，相对分子质量在 30000 ~ 100000。

从结构来看，直链淀粉并不是完全伸直的，由于直链淀粉分子链是非常长的，所以不可能以线形分子存在，而是在分子内氢键的作用下，卷曲盘旋成螺旋状的，每一螺旋圈一般是含有 6 个葡萄糖单位。一个螺旋圈所含葡萄糖残基数称为聚合度，聚合度在 60 个以上时遇碘呈蓝色。所以，直链淀粉遇碘呈蓝色。

支链淀粉由 6000 个左右的葡萄糖单位连接而成，在支链淀粉中葡萄糖除了通过 $\alpha-1$，4-糖苷键连接以外，还通过 $\alpha-1$，6-糖苷键相互连接成侧链，每隔 6~7 个葡萄糖单位又能再度形成另外一条支链结构，每一支链有 20~30 个葡萄糖分子。各个分支也都是卷曲成螺旋，这样就使支链淀粉形成复杂的树状分支结构的大分子。淀粉结构中聚合度在 20~60 个时遇碘呈紫红色。所以，支链淀粉遇碘呈紫红色。

直链淀粉与支链淀粉同时存在于植物中，直链淀粉与支链淀粉的比例一般为（15%~25%）:（75%~85%）。因植物品种不同，比例也不同。如蜡质玉米有 99% 都是支链淀粉，而有些豆类像皱缩豌豆中直链淀粉含量就高达 98%。但不管怎样，直链淀粉与支链淀粉水解后最终的产物都是 D-葡萄糖。

淀粉广泛分布在植物的种子、块茎、根中，小麦中淀粉含量 60%~65%，大米中淀粉含量 70%~80%，马铃薯中淀粉含量含 20%。

部分谷物淀粉中直链、支链淀粉含量见表 1-4。

表 1-4　部分谷物淀粉中直链、支链淀粉含量

名称	直链淀粉/%	支链淀粉/%	名称	直链淀粉/%	支链淀粉/%
大米	17	83	高粱	27	73
糯米	0	100	荞麦	28	72
玉米（普通）	22	78	甘薯块根	20	80

（2）淀粉的性质

① 淀粉的物理性质：淀粉为白色、无味、粉末状物质。一般不溶于水也不溶于有机溶剂。直链淀粉能溶于热水，而支链淀粉要在加热加压的情况下才溶于水。纯支链淀粉能溶于冷水中，而直链淀粉不能溶于冷水，淀粉燃点约为 380℃。

② 淀粉的化学性质

a. 淀粉的水解：淀粉无还原性，当用碘溶液进行检测时，直链淀粉液遇碘呈现蓝色，而支链淀粉与碘接触时则变为红棕色。淀粉遇碘加热则蓝色消失，冷后呈蓝色。在酸或淀粉酶作用下被降解，水解到二糖阶段为麦芽糖，完全水解后为葡萄糖。

$$(C_6H_{10}O_5)_n \longrightarrow (C_6H_{10}O_5)_m \longrightarrow C_{12}H_{22}O_{11} \longrightarrow C_6H_{12}O_6$$
　　　淀粉　　　　　糊精　　　　麦芽糖　　　葡萄糖

淀粉在受到加热、酸或淀粉酶作用下发生分解和水解时，将大分子的淀粉首先转化成为小分子的中间物质，这时的中间小分子物质，人们就把它称为糊精。此根据水解糊精的程度不同，水解过程可细分为：

淀粉 $\xrightarrow{\text{水解}}$ 红色糊精 $\xrightarrow{\text{水解}}$ 无色糊精 $\xrightarrow{\text{水解}}$ 麦芽糖 $\xrightarrow{\text{水解}}$ 葡萄糖

（遇碘显蓝色）　　（遇碘显红色）　　（遇碘不显色）　　（遇碘不显色）　　（遇碘不显色）

b. 淀粉的糊化：淀粉在水中加热至一定温度时，在水中溶胀，分裂，形成均匀的有黏性的糊状溶液的过程称为糊化。糊化的本质是微观结构从有序转变成无序，糊化的淀粉更可口，易消化吸收。

淀粉糊化的原理是加热时，水分迅速渗透到淀粉颗粒内部，使其吸水膨胀，晶体结构消失，颗粒外膜完全破裂而解体，变为黏稠状液体。

影响糊化的因素如下：

结构：直链淀粉糊化程度小于支链淀粉。

水分活性（A_w）：A_w 提高，糊化程度提高。

糖：高浓度的糖水分子，使淀粉糊化受到抑制。

盐：高浓度的盐使淀粉糊化受到抑制；低浓度的盐存在，对糊化几乎无影响。但对马铃薯淀粉例外，因为它含有磷酸基团，低浓度的盐影响它的电荷效应。

脂类：脂类可与淀粉形成包合物，即脂类被包含在淀粉螺旋环内，不易从螺旋环中浸出，并阻止水渗透入淀粉粒。

酸度：pH < 4 时，淀粉水解为糊精，黏度降低（故高酸食品的增稠需用交联淀粉）；pH 4 ~ 7 时，几乎无影响；pH10 时，糊化速度迅速加快。

c. 淀粉的老化：经过糊化的淀粉溶液缓慢冷却或淀粉凝胶经长期放置，会变为不透明甚至产生沉淀的现象，称为淀粉的老化。实质是糊化后的分子又自动排列成序，形成高度致密的结晶化的不溶解性分子粉末。

影响淀粉老化的因素如下：

温度：2 ~ 4℃，淀粉易老化，> 60℃ 或 < 20℃，不易发生老化。

含水量：含水量30% ~ 60%。易老化，含水量过低（10%）或过高，均不易老化。

结构：直链淀粉易老化，聚合度中等的淀粉易老化，改性后的淀粉不均匀性提高，不易老化。

2. 纤维素

纤维素是由 D - 葡萄糖以 $\beta - 1$，4 - 糖苷键连接起来的线形聚合物，是不含支链的直链多糖。不溶于水，人体不能消化纤维素。在棉花、麻、木材中众多，是植物细胞壁构成物质。

游离—OH 中的 H 可被其他基团取代，构成各种高分子化合物如羧甲基纤维素、DEAE 纤维素等层析载体。

纤维素性质稳定，在一般的食品加工条件下不被破坏，但在高温、高压的稀硫酸溶液中，纤维素可被水解为 β - 葡萄糖，也可以在纤维素酶的作用下水解成葡萄糖。

3. 果胶

果胶是由 $\alpha - 1$，4 – 糖苷键连接的聚半乳糖醛酸，其中部分羧基被甲酯化，其余的羧基与钾、钠、钙离子结合成盐。在果蔬中，尤其是未成熟的水果和皮中，果胶多数以原果胶存在，原果胶是以金属离子桥（特别是钙离子）与多聚半乳糖醛酸中的游离羧基相结合。

果胶广泛存在于苹果、西瓜及柑橘等果实中，有原果胶、果胶和果胶酸三种形式。果胶在苹果中含量为 0.7%～1.5%，在蔬菜中以南瓜含量最多，为 7%～17%。

食品工业中常利用果胶来制作果酱、果冻和糖果，在汁液类食品中用作增稠剂、乳化剂等。

课题二　糖的分解代谢

糖的分解代谢途径主要分为有氧分解和无氧分解两类。

一、糖的无氧分解

糖的无氧分解是在没有分子氧参与时，葡萄糖逐步氧化降解为乳酸，并产生少量能量的过程称之为糖的无氧酵解，与酵母菌产生乙醇的发酵过程相似，故又称为糖酵解。

（一）糖酵解途径（EMP）

糖酵解是指葡萄糖在无氧条件下，经过一系列酶促反应最终生成丙酮酸的过程。1897 年，Büchner 兄弟由蔗糖发酵成乙醇的实验中发现。酵解是在无氧或缺氧的条件下，葡萄糖或糖原分解成乳酸并且有能量（ATP）释放的过程。G. Embden 和 Meyerhof 揭示了其途径，因此，称这一过程为 EMP 途径。

糖酵解产生的丙酮酸在某些生物体内转变为乳酸；在有些微生物（如酵母菌）体内则转变为乙醇，葡萄糖形成乳酸或乙醇的过程称为发酵。

酵解途径的酶系存在于细胞液中。

1. 糖酵解反应过程

糖酵解全部过程从葡萄糖开始，经过 12 步连续的酶促反应，整个过程可划分为四个阶段：

（1）第一阶段　第一阶段为葡萄糖磷酸化反应。葡萄糖磷酸化生成 1，6 – 二磷酸果糖，此过程有以下三步完成：

① 葡萄糖在激酶作用下消耗 ATP 生成 6 – 磷酸葡萄糖。

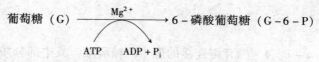

② 6 - 磷酸葡萄糖在己糖异构酶作用下生成 6 - 磷酸果糖。

$$6-磷酸葡萄糖（G-6-P）\xrightleftharpoons[]{磷酸己糖异构酶}6-磷酸果糖（F-6-P）$$

③ 6 - 磷酸果糖在磷酸果糖激酶催化下消耗 ATP 生成 1，6 - 二磷酸果糖。

6 - 磷酸葡萄糖（F - 6 - P）$\xrightarrow{\phantom{Mg^{2+}}}$ 1，6 - 二磷酸果糖（F - D - P）

（2）第二阶段　第二阶段为磷酸丙糖的生成。

① 醛缩酶催化下 1，6 - 二磷酸果糖分子内断裂生成磷酸二羟丙酮和 3 - 磷酸甘油醛。

$$1，6-二磷酸果糖\xrightarrow{醛缩酶}磷酸二羟丙酮+3-磷酸甘油醛$$

② 异构酶催化下磷酸二羟丙酮和 3 - 磷酸甘油醛互相转变。

$$磷酸二羟丙酮\xrightleftharpoons[]{磷酸丙糖异构酶}3-磷酸甘油醛$$

（3）第三阶段　第三阶段是 3 - 磷酸甘油醛氧化生成 2 - 磷酸甘油酸。

① 1，3 - 二磷酸甘油酸在磷酸甘油激酶作用下转变为 3 - 磷酸甘油酸

1，3 - 二磷酸甘油醛 $\xrightleftharpoons[\substack{Mg^{2+}\\磷酸甘油酸激酶}]{}$ 3 - 二磷酸甘油酸

② 3 - 磷酸甘油酸在变位酶催化下转变为 2 - 磷酸甘油酸

$$3-磷酸甘油酸\xrightleftharpoons[]{磷酸甘油酸激酶}2-磷酸甘油酸$$

（4）第四阶段　第四阶段为 2 - 磷酸甘油酸转化为丙酮酸。

① 2 - 磷酸甘油酸在烯醇化酶催化下生成 2 - 磷酸烯醇式丙酮酸（PEP）

$$2-磷酸甘油酸\xrightleftharpoons[Mg^{2+}]{烯醇化酶}2-磷酸烯醇式丙酮酸$$

② 磷酸烯醇式丙酮酸在丙酮酸激酶催化下形成烯醇式丙酮酸，进而形成丙酮酸。

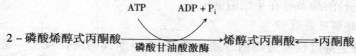

糖的无氧分解途径可以概括如图 1 - 10 所示。

2．糖酵解过程中能量的转化

由葡萄糖到丙酮酸的总反应式：

$$C_6H_{12}O_6 + 2ADP + 2H_3PO_4 + 2NAD^+ \xrightleftharpoons{} 2C_3H_4O_3 + 2ATP + 2NADH + 2H^+ + 2H_2O$$

糖酵解过程产生和消耗的 ATP 数目见图 1 - 10 糖无氧分解总过程图：①和②每处消耗 1 分子的 ATP；③和④每处生成 2 分子的 ATP；1 分子的葡萄糖经酵解可以净产生 2 分子的 ATP。

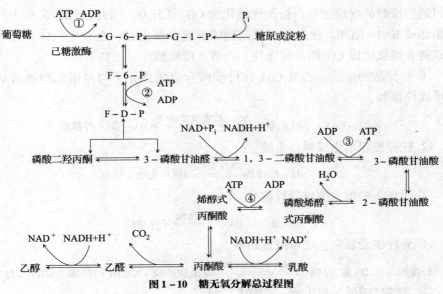

图 1 - 10　糖无氧分解总过程图

（二）糖酵解的意义

糖酵解是生物体获得能量的一种方式，但不是主要方式。

糖酵解是生物体在特殊情况下获得能量的一种形式。它可以迅速提供能量，使机体在无氧或缺氧情况下能进行生命活动。

糖酵解过程的中间产物为脂肪、蛋白质、核酸的合成提供碳源。

二、糖的有氧分解

糖的有氧分解是指糖在有氧条件下被氧化生成二氧化碳和水，并释放大量能量的过程，氧是代谢底物所产生氢原子的最终受体，该过程又称糖的有氧氧化，是生物体获得能量的主要方式。

1. 糖有氧分解的反应过程

糖的有氧氧化过程可划分四个阶段：

（1）丙酮酸的生成　葡萄糖降解为丙酮酸的过程与糖酵解相同，是在细胞液中完成的。

（2）丙酮酸氧化脱羧生成乙酰 CoA　该过程在线粒体中完成。

$$丙酮酸 + CoA - SH + NAD^+ \xrightarrow{丙酮酸脱氢酶系} 乙酰 - CoA + CO_2 + NADH + H^+$$

参加此反应的酶系由丙酮酸脱氢酶、硫辛酸乙酰转移酶、二氢硫辛酸脱氢酶三种酶和焦磷酸硫胺素、硫辛酸、辅酶 A、黄素腺嘌呤核苷酸、辅酶 I 5 种辅酶所组成的复合体。

（3）三羧酸循环（TCA）　有氧条件下，乙酰 CoA 经过一个由柠檬酸开始又回到柠檬酸的反应过程，被彻底氧化为 CO_2 和 H_2O。因此该过程又称为柠檬酸循环或 Krebs 循环。此过程不仅是糖的有氧分解途径，也是生物体一切有机物碳链骨架氧化成 CO_2 的共同途径。现将三羧酸循环分述如下：

① 柠檬酸的生成：乙酰 CoA 在柠檬酸合成酶催化下与草酰乙酸缩合后水解形成柠檬酸。

$$乙酰-CoA + 草酰乙酸 + H_2O \xrightleftharpoons{\text{柠檬酸合成酶}} CoA-SH + 柠檬酸$$

② 柠檬酸脱水生成顺乌头酸。

$$CoA-SH + 柠檬酸 \xrightleftharpoons{\text{顺乌头酸酶}} 顺乌头酸 + H_2O$$

③ 顺乌头酸加水生成异柠檬酸。

$$顺乌头酸 + H_2O \xrightleftharpoons{\text{顺乌头酸酶}} 异柠檬酸$$

④ 异柠檬酸脱氢生成草酰琥珀酸。

$$异柠檬酸 + NAD^+ 或 NADP^+ \xrightleftharpoons{\text{异柠檬酸脱氢酶}} 草酰琥珀酸 + NADH + H^+ 或 NADPH + H^+$$

⑤ 草酰琥珀酸脱羧生成 α-酮戊二酸。

$$草酰琥珀酸 \xrightleftharpoons[Mn^{2+}]{\text{异柠檬酸脱氢酶}} \alpha-酮戊二酸$$

⑥ α-酮戊二酸氧化脱羧生成琥珀酰辅酶 A。

$$\alpha-酮戊二酸 + HS-CoA \xrightarrow{\text{α-酮戊二酸脱氢酶系}} 琥珀酰-CoA + CO_2$$
$$NAD^+ \quad NADH + H^+$$

⑦ 琥珀酰辅酶 A 在硫激酶催化下将高能硫酯键转移至三磷酸鸟苷 GTP 中，而后再由 GTP 转移至 ATP，此过程是该循环唯一直接生成 ATP 的反应，也称为底物水平磷酸化，该反应不可逆。

$$琥珀酰-CoA + H_3PO_4 \xrightarrow{\text{琥珀酸硫激酶}} 琥珀酸 + HS-CoA$$
$$GTP \quad GDP$$

⑧ 琥珀酸在琥珀酸脱氢酶催化下脱氢生成延胡索酸，同时生成 $FADH_2$。

$$琥珀酸 + FAD \xrightleftharpoons{\text{琥珀酸脱氢酶}} 延胡索酸 + FADH_2$$

⑨ 延胡索酸加水生成苹果酸。

$$延胡索酸 + H_2O \xrightleftharpoons{\text{延胡索酸酶}} 苹果酸 + FADH_2$$

⑩ 苹果酸被氧化生成草酰乙酸。

$$苹果酸 + NAD^+ \underset{苹果酸脱氢酶}{\rightleftharpoons} 草酰乙酸 + NADH + H^+$$

三羧酸循环总过程见图 1-11。

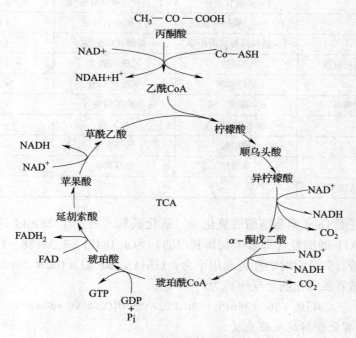

图 1-11 三羧酸循环总过程

2. 三羧酸循环的特点

三羧酸循环在有氧条件下运转，是生成 ATP 的主要途径，存在如下特点。

（1）循环中 4 次脱氢，第一次脱氢是在细胞液中进行的，后三次均在线粒体中进行，共生成 3 分子 NADH，1 分子 $FADH_2$，另有 1 次底物水平磷酸化，共生成 12 分子 ATP。

（2）循环一周产生 2 分子 CO_2，CO_2 来自草酰乙酸而不是乙酰 CoA，但净结果是氧化了 1 分子乙酰 CoA。

（3）三羧酸循环的中间产物包括草酰乙酸在内起着催化剂的作用，本身并无量的变化，不可能通过三羧酸循环从乙酰 CoA 合成草酰乙酸或其他中间产物；这些中间产物也不能直接在三羧酸循环中被氧化成 CO_2 和 H_2O。

表 1-5 糖的有氧分解能量计算

	反应阶段	消耗或产生 ATP 的反应	ATP 数的增减
酵解	葡萄糖	6-磷酸葡萄糖	1
	6-磷酸果糖	1,6-二磷酸果糖	1

续表

	反应阶段	消耗或产生 ATP 的反应	ATP 数的增减
	3－磷酸甘油醛	1，3－二磷酸甘油酸	+3×2
	1，3－二磷酸甘油酸	3－磷酸甘油酸	+1×2
	2－磷酸烯醇式丙酮酸	烯醇式丙酮酸	+1×2
丙酮酸氧化脱羧	丙酮酸	乙酰辅酶 A	+3×2
	异柠檬酸	草酰琥珀酸	+3×2
三羧酸循环	α－酮戊二酸	琥珀酰辅酶 A	+3×2
	琥珀酰辅酶 A	琥珀酸	+1×2
	琥珀酸	延胡索酸	+2×2
	苹果酸	草酰乙酸	+3×2
净产生 ATP 数			38

实验证明 1mol 葡萄糖彻底氧化为二氧化碳和水可产生 2870kJ 的能量，其中转化为 ATP 的能量（即被生物体利用的）为 $4.184kJ×7.3×38≈1161kJ$。

葡萄糖有氧分解时的能量利用率为：$1161kJ/2870kJ×100\%≈40\%$。

葡萄糖有氧氧化的总反应式为：

$$C_6H_{12}O_6 + 6O_2 + 38ADP + 38H_3PO_4 \longrightarrow 6H_2O + 6CO_2 + 38ATP$$

3．糖有氧分解的生理意义

（1）糖有氧分解产生的能量多，是生物体获得能量的有效方式。

（2）糖有氧分解途径是三大物质代谢联系的枢纽，是糖、脂肪、蛋白质分解的最终代谢通路。

（3）糖有氧分解产生的中间产物可以为其他物质的合成提供碳源、碳骨架和能量。

课后练习

1．糖的功能有哪些？

2．生产中常见的单糖和低聚糖有哪些？

3．常见的多糖及其特点是什么？

4．生产中淀粉的功能，直链淀粉与支链淀粉有何区别？

5．简述糖的无氧氧化过程。

6．简述糖的有氧氧化过程。

7．计算 1mol 葡萄糖彻底氧化分解能形成多少 mol ATP？

技能训练1　粗淀粉含量的测定

一、实验目的

掌握粗淀粉含量的测定方法，熟悉旋光仪的使用。

二、实验原理

淀粉是多糖聚合物，钙能与淀粉分子上的羟基形成络合物，使淀粉与水有较高的亲和力而易溶于水中，因此氯化钙溶液可以作为淀粉的提取剂。在一定酸性条件下，以氯化钙溶液为分散介质，淀粉可均匀分散在溶液中，并能形成稳定的具有旋光性的物质，而旋光度的大小与淀粉含量成正比，所以可用旋光法测定。

三、实验材料与器具

1．试剂与材料

（1）氯化钙溶液　溶解54g $CaCl_2 \cdot 2H_2O$ 于蒸馏水中并稀释到1000mL。调整相对密度为1.30（20℃），再用1.6%醋酸调整pH为2.3~2.5，过滤后备用。

（2）氯化锡溶液　溶解2.5g $SnCl_4 \cdot 5H_2O$ 于75mL上述氯化钙溶液中。

（3）材料　玉米（粉状）。

2．仪器设备

分析天平，实验用粉碎机，旋光仪（附钠灯），容量瓶，烧瓶。

四、实验步骤

1．把样品研磨并通过40目以上的标准筛，称取2g样品，置于250mL烧杯中。

2．加水10mL，搅拌使样品湿润，加入70mL氯化钙溶液，盖上表面皿，在5min内加热至沸并继续加热15min。加热时随时搅拌以防样品附在烧杯壁上。如泡沫过多可加1~2滴辛醇消泡。

3．迅速冷却后，移入100mL容量瓶中，用氯化钙溶液洗涤烧杯上附着的样品，洗液并入容量瓶中。

4．加5mL氯化锡溶液，用氯化钙溶液定容到刻度，混匀，过滤，弃去初滤液，收集滤液装入旋光管中，并于旋光计中测定样品溶液旋光度。

五、计算

粗淀粉的含量按下式计算：

$$淀粉（\%）= \frac{\alpha \times 100}{L \times 203 \times M} \times 100$$

式中　α——旋光度读数，°。

     L——旋光管长度，dm

     M——样品重，g

  203——淀粉比旋光度

六、注意事项

1. 淀粉溶液加热后，必须迅速冷却，以防止淀粉老化，形成高度晶化的不溶性淀粉分子微束。

2. 氯化锡溶液的作用是沉淀蛋白质，因为蛋白质也具有旋光性（左旋性）。蛋白质含量较高的样品，如高蛋白营养米粉，用旋光法测定时结果偏低，误差较大。

技能训练2　植物还原糖的测定

一、实验目的

学会用 3, 5－二硝基水杨酸比色法测定还原糖的含量。

二、实验原理

糖类的测定方法有物理方法和化学方法两类。由于化学方法比较准确，常常使用之。还原糖的测定是糖定量测定的基本方法。还原糖是指含有自由醛基和酮基的糖类。3, 5－二硝基水杨酸与还原糖共热后被还原成棕红色的氨基化合物，在一定范围内，棕红色物质颜色的深浅程度与还原糖的量成正比。因此，我们可以利用吸光光度法（比色法）测定样品中糖的含量。

三、实验材料与器具

1. 试剂

（1）3, 5－二硝基水杨酸（DNS）试剂　称取 3.2g DNS 溶于 130mL 10% NaOH 溶液中，再加 250mL 含有 90g 酒石酸钾钠的溶液，微溶解后，加入 2.5g 结晶苯酚和 2.5g 亚硫酸钠，加水至 500mL，贮于棕色瓶中备用。

（2）葡萄糖标准溶液　准确称取在 105℃ 干燥至恒重的分析纯葡萄糖 100mg，溶于水后，定容至 100mL（1mg/mL），于冰箱中保存备用。

2. 仪器

分光光度计，恒温水浴箱，沸水浴锅，大试管，比色管（25mL），容量瓶，吸量管。

四、实验步骤

1. 样品中还原糖的提取

准确称取 2g 左右新鲜样品，剪碎或研碎，放入大试管中，加水 20mL，在沸水浴中加热提取 20min，冷却后过滤至 100mL 容量瓶中，水洗残渣 23 次，定容至刻度备用。

2. 标准曲线制作和样品测定

取 8 支比色管，编号后按下表加入试剂。

	标准管						样品管	
	1	2	3	4	5	6	7	8
葡萄糖液/mL	0	0.4	0.6	0.8	1.0	1.2	0	0
样品液/mL	0	0	0	0	0	0	1.0	1.0
蒸馏水/mL	2.0	1.6	1.4	1.2	1.0	0.8	1.0	1.0
DNS 试剂/mL	1.0	1.0	1.0	1.0	1.0	1.0	1.0	1.0
含糖量/mg	0	0.4	0.6	0.8	1.0	1.2		

将以上各管在沸水浴中加热 5min，立即用水冷却，然后在各管加入 22mL 蒸馏水，混匀后，以第一管为空白，用分光光度计（520nm）进行比色测定，用空白管溶液调零点，记录光密度值，以葡萄糖浓度为横坐标，光密度为纵坐标，绘制出标准曲线。

将各管混匀后，按制作标准曲线时同样的操作测定各管的光密度，在标准曲线上查出相应的含糖量数值。

五、计算

$$还原糖/\% = \frac{还原糖毫克数 \times 样品稀释倍数}{样品重量} \times 100$$

模块二　蛋白质及其分解代谢

模块描述

　　白酒生产原料中的蛋白质，不仅是生物体的重要物质，同时在酿酒生产过程中蛋白质分解的产物，会经过一系列变化，形成某些重要的白酒成品物质。

知识目标

　　1. 具有蛋白质概念，能识记蛋白质元素组成和蛋白质分类。

　　2. 具备氨基酸结构特点及其分类，认识人体必需氨基酸，熟悉氨基酸的理化性质。

　　3. 认识蛋白质空间结构特点，理解蛋白质变性及其影响因素，熟悉蛋白质理化性质。

　　4. 熟悉蛋白质水解和降解，清楚氨基酸降解转化及其产物的去处。

　　5. 具备蛋白质性质检验能力、氨基酸层析分离能力，以及蛋白质提取和含量测定能力。

　　蛋白质是一类极为重要的生物大分子物质，它们是组织细胞的基本塑造者，生命活动的主要体现者，生物体的组成及生长、发育、繁殖、遗传等一切生命活动都与蛋白质有关。因此，蛋白质是各种生命现象的主要物质基础，也是白酒生产原料中主要有机成分。

课题一　蛋白质概述

一、蛋白质的分子组成

　　蛋白质是由氨基酸按各种不同顺序排列结合成的高分子有机物质，组成蛋白质的基本单元是氨基酸。

（一）蛋白质

1. 蛋白质的元素组成

蛋白质中含 C、H、O、N，以及 S、P 和少量金属元素，蛋白氮占生物组织所有含氮物质的绝大部分，大多数蛋白质含氮量接近于 16%。即 1g 氮相当于 6.25g 蛋白质，据此有：

每克样品中含氮（g）×6.25×100＝100g 样品中所含蛋白质的量（g）

因此可以利用凯氏定氮法通过测量氮的含量而得出蛋白质的含量。

蛋白质元素组成碳（C）50%～55%；氢（H）6%～8%；氧（O）19%～24%；氮（N）13%～19%；硫（S）0%～4%；磷（P）、铁（Fe）、铜（Cu）、锌（Zn）和碘（I）。

2. 蛋白质的重要性

生物机体所有重要的组成部分都需要有蛋白质的参与，与生命现象有关，因此蛋白质对生物体来说十分重要。

（1）蛋白质是生物体内必不可少的重要成分　蛋白质是组成生物体一切细胞、组织的重要成分。蛋白质就是构成生物体组织器官的支架和主要物质，在生物体生命活动中，起着重要作用，可以说没有蛋白质就没有生命活动的存在。人们每天的饮食中蛋白质主要存在于瘦肉、蛋类、豆类及鱼类中。

蛋白质占干重：人体 45%；细菌 50%～80%；真菌 14%～52%；酵母菌 14%～50%；白地菌 50%。

人体中蛋白质含量（中年人）：水 55%；蛋白质 19%；脂肪 19%；糖类 <1%；无机盐 7%。

（2）蛋白质在生命活动中具有举足轻重的作用　生物的结构和性状都与蛋白质有关，蛋白质是构成生物体的最基本的物质之一，其质量约占人体干重的 45%。

蛋白质参与基因表达的调节，以及细胞中氧化还原、电子传递、神经传递等多种生命活动过程。在生物体内各种生物化学反应中起催化作用的酶主要是蛋白质，血红蛋白载体能运送二氧化碳和氧气，调节代谢反应的许多重要激素如胰岛素和胸腺激素等也都是蛋白质，有些蛋白质还具有免疫功能。此外，多种蛋白质，如植物种子中的蛋白质和动物蛋白等能供生物进行营养生长。

食品中存在的蛋白质可供人体食用，提供营养，某些蛋白质还具有特殊生理功能。在决定食品结构、形态以及色、香、味方面有重要作用。

（二）氨基酸

氨基酸是蛋白质水解的最终产物，是组成蛋白质的基本单位。在自然界中存在的蛋白质估计约有百亿种，人体内的蛋白质也有十万种以上，但作为蛋白质组成成分的氨基酸仅有二十种。除脯氨酸和羟脯氨酸外，这些天然氨基酸在结构上有共同特点。

1. 氨基酸的结构特点

（1）均为α–氨基酸　氨基酸的氨基（—NH₂）或亚氨基（=NH）都与邻接羧基（—COOH）的α–碳原子相连接，故它们都属于α–氨基酸（脯氨酸为α–亚氨基酸）。

通式：

$$R-\overset{\overset{H}{|}}{\underset{\underset{NH_2}{|}}{C^\alpha}}-COOH \qquad R-\overset{\overset{H}{|}}{\underset{\underset{^+NH_3}{|}}{C^\alpha}}-COO^-$$

非解离形式　　　　两性离子形式

（2）旋光性和异构体　不同氨基酸 R 基团不同。除了 R 为 H 的甘氨酸外，其他氨基酸（包括脯氨酸）的α–碳原子都是手性碳原子，因而氨基酸都具有旋光性，且每种氨基酸都具有 D 型和 L 型两种立体异构体，目前已知天然蛋白质中氨基酸都为 L 型。

$$H_2N-\overset{\overset{COOH}{|}}{\underset{\underset{R}{|}}{C}}-H \qquad H-\overset{\overset{COOH}{|}}{\underset{\underset{R}{|}}{C}}-NH_2$$

L–α–氨基酸　　　　D–α–氨基酸

2. 氨基酸的分类

氨基酸的分类方法有多种。

（1）按 R 基团的酸碱性分　根据氨基酸分子中所含氨基和羧基数目的不同将氨基酸分为中性氨基酸、酸性氨基酸和碱性氨基酸。

中性、酸性、碱性氨基酸见表 2–1。

表 2–1　中性、酸性、碱性氨基酸

类别	氨基酸	特点
中性氨基酸	甘氨酸、丙氨酸、亮氨酸、异亮氨酸、缬氨酸、胱氨酸、半胱氨酸、甲硫氨酸、苏氨酸、丝氨酸、苯丙氨酸、酪氨酸、色氨酸、脯氨酸、蛋氨酸和羟脯氨酸	这类氨基酸分子中只含有一个氨基和一个羧基

续表

类别	氨基酸	特点
酸性氨基酸	谷氨酸、天冬氨酸	这类氨基酸分子中含有一个氨基和两个羧基
碱性氨基酸	赖氨酸、精氨酸、组氨酸	这类氨基酸的分子中含两个氨基一个羧基；组氨酸具氮环，呈弱碱性，也属碱性氨基酸。

酸性氨基酸：

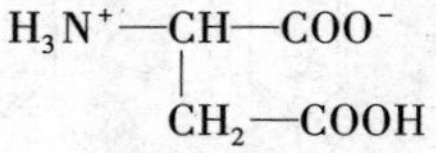

$$H_3N^+-CH-COO^-$$
$$CH_2-COOH$$
天冬氨酸 Asp

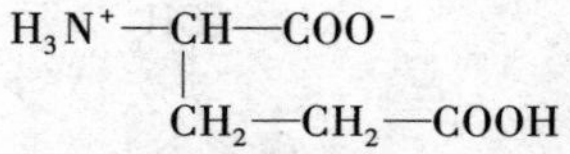

$$H_3N^+-CH-COO^-$$
$$CH_2-CH_2-COOH$$
谷氨酸 Glu

碱性氨基酸；

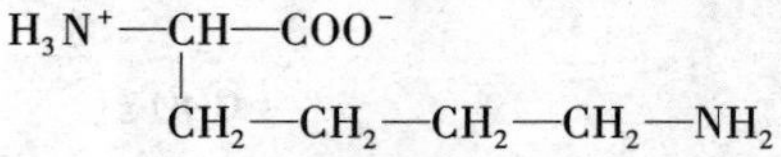

$$H_3N^+-CH-COO^-$$
$$CH_2-CH_2-CH_2-CH_2-NH_2$$
赖氨酸 Lys

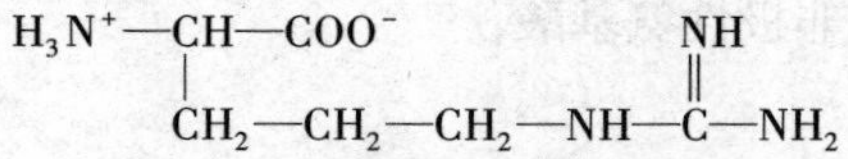

$$H_3N^+-CH-COO^-$$
$$CH_2-CH_2-CH_2-NH-C-NH_2$$
精氨酸 Arg

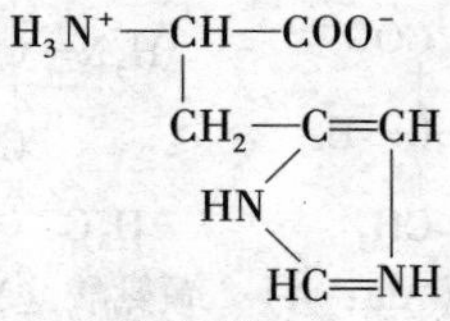

$$H_3N^+-CH-COO^-$$
$$CH_2-C=CH$$
$$HN \quad NH$$
$$HC=NH$$
组氨酸 His

（2）按氨基酸的极性分类　根据氨基酸有无极性可将氨基酸分为极性氨基酸和非极性氨基酸两类。

非极性氨基酸和极性氨基酸见表2-2。

表2-2　非极性氨基酸和极性氨基酸

类别		氨基酸
非极性氨基酸		甘氨酸、丙氨酸、缬氨酸、亮氨酸、异亮氨酸、苯丙氨酸、脯氨酸
极性氨基酸	极性中性氨基酸	色氨酸、酪氨酸、丝氨酸、半胱氨酸、蛋氨酸、天冬酰胺、谷氨酰胺、苏氨酸
	酸性氨基酸	天冬氨酸、谷氨酸
	碱性氨基酸	赖氨酸、精氨酸、组氨酸

极性中性氨基酸：

丝氨酸（Ser，S）　苏氨酸（Thr，T）　半胱氨酸（Cys，C）

天冬酰胺（Asn，N）　谷氨酰胺（Glu，Q）　酪氨酸（Tyr，Y）　色氨酸（Trp，W）

非极性氨基酸：

甘氨酸（Gly，G）　丙氨酸（Ala，A）　缬氨酸（Val，V）　亮氨酸（Lue，L）

异亮氨酸（Ile，I）　甲硫氨酸（Met，M）　苯丙氨酸（Phe，F）　脯氨酸（Pro，P）

（3）按 R 基团的化学结构分　按照氨基酸中 R 基团的化学结构，可以将氨基酸分为脂肪族氨基酸、芳香族氨基酸、杂环族氨基酸。

脂肪族氨基酸有丙氨酸、缬氨酸、亮氨酸、异亮氨酸、蛋氨酸、天冬氨酸、谷氨酸、赖氨酸、精氨酸、甘氨酸、丝氨酸、苏氨酸、半胱氨酸、天冬酰胺、谷氨酰胺。

芳香族氨基酸有酪氨酸、苯丙氨酸。

杂环族氨基酸有组氨酸、色氨酸、脯氨酸。

（4）从营养学的角度分　从营养学角度可以将氨基酸分为必需氨基酸和非必需氨基酸。

① 必需氨基酸：指人体（或其他脊椎动物）不能合成或合成速度远不适应机体的需要，必须由食物蛋白供给，这些氨基酸称为必需氨基酸。成人必需氨基酸的需要量为蛋白质需要量的 20% ~ 37%。共有 8 种，即赖氨酸、色氨酸、苯丙氨酸、蛋氨酸（甲硫氨酸）、苏氨酸、异亮氨酸、亮氨酸、缬氨酸。

人体虽能够合成精氨酸和组氨酸，但通常不能满足正常的需要，在幼儿生长期这两种是必需氨基酸。人体对必需氨基酸的需要量随着年龄的增加而下降，成人比婴儿显著下降。

② 非必需氨基酸：指人或其他脊椎动物自己能由简单的前体合成，不需要从食物中获得的氨基酸。例如甘氨酸、丙氨酸等氨基酸。

氨基酸总表见表 2 – 3。

表 2 – 3　氨基酸总表

中文名称	英文名称	符号与缩写	相对分子质量	侧链结构	类型
丙氨酸	Alanine	A 或 Ala	89.079	CH_3	脂肪族类
精氨酸	Arginine	R 或 Arg	174.188	$HN = C (NH_2) NH (CH_2)_3$	碱性氨基酸类
天冬酰胺	Asparagine	N 或 Asn	132.104	H_2NCOCH_2	酰胺类
天冬氨酸	Aspartic acid	D 或 Asp	133.089	$HOOCCH_2$	酸性氨基酸类
半胱氨酸	Cysteine	C 或 Cys	121.145	$HSCH_2$	含硫类
谷氨酰胺	Glutamine	Q 或 Gln	146.131	$H_2NCO (CH_2)_2$	酰胺类
谷氨酸	Glutamic acid	E 或 Glu	147.116	$HOOC (CH_2)_2$	酸性氨基酸类
甘氨酸	Glycine	G 或 Gly	75.052	H	脂肪族类
组氨酸	Histidine	H 或 His	155.141	$N = CHNHCH = CCH_2$	碱性氨基酸类
异亮氨酸	Isoleucine	I 或 Ile	131.160	$CH_3CH_2CH (CH_3)$	脂肪族类
亮氨酸	Leucine	L 或 Leu	131.160	$(CH_3)_2CHCH_2$	脂肪族类
赖氨酸	Lysine	K 或 Lys	146.17	$H_2N (CH_2)_4$	碱性氨基酸类
蛋氨酸	Methionine	M 或 Met	149.199	$CH_3S (CH_2)_2$	含硫类
苯丙氨酸	Phenylalanine	F 或 Phe	165.177	$PhenylCH_2$	芳香族类
脯氨酸	Proline	P 或 Pro	115.117	$HN(CH_2)_3CH$	亚氨基酸
丝氨酸	Serine	S 或 Ser	105.078	$HOCH_2$	羟基类
苏氨酸	Threonine	T 或 Thr	119.105	$CH_3CH (OH)$	羟基类
色氨酸	Tryptophan	W 或 Trp	204.213	$PhenylNHCH = CCH_2$	芳香族类
酪氨酸	Tyrosine	Y 或 Tyr	181.176	$OHPhenylCH_2$	芳香族类
缬氨酸	Valine	V 或 Val	117.133	$CH_3CH (CH_2)$	脂肪族类

　　3．氨基酸的主要理化性质

　　（1）氨基酸的物理性质

　　① 溶解性：氨基酸呈无色结晶，各自有特殊的晶形，熔点高，加热达熔点时，往往已开始分解。氨基酸一般易溶于水，在水中的溶解度各不相同，氨基酸不易溶于醇、乙醚等有机溶剂。所有的氨基酸都能溶于强酸、强碱溶液中。脯氨酸、羟脯氨酸溶于乙醇、乙醚。胱氨酸难溶于凉水和热水。酪氨酸微溶于凉水，但易溶于热水。

　　② 熔点：氨基酸熔点高，一般超过 200℃，个别超过 300℃。

　　③ 旋光性：除甘氨酸外，所有氨基酸均具有旋光性。

　　④ 味感：D－氨基酸大多甜，D－色氨酸最甜，达蔗糖的 40 倍；L－氨基酸有甜、苦、鲜、酸的不同味感。

　　（2）氨基酸的化学性质

　　① 氨基酸的两性电离

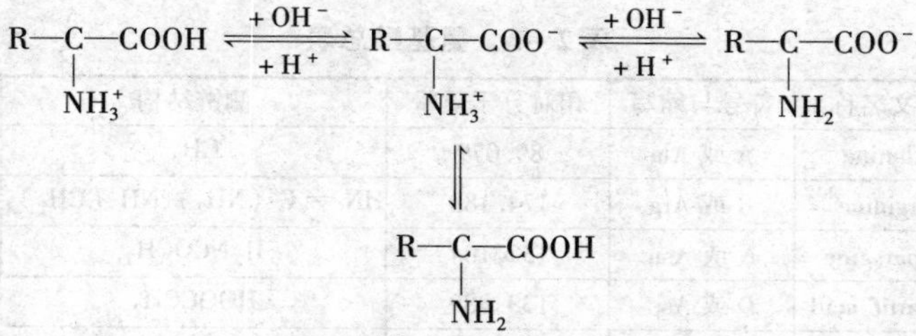

$$\underset{\underset{NH_3^+}{|}}{R-\overset{|}{\underset{|}{C}}-COOH} \underset{+H^+}{\overset{+OH^-}{\rightleftharpoons}} \underset{\underset{NH_3^+}{|}}{R-\overset{|}{\underset{|}{C}}-COO^-} \underset{+H^+}{\overset{+OH^-}{\rightleftharpoons}} \underset{\underset{NH_2}{|}}{R-\overset{|}{\underset{|}{C}}-COO^-}$$

$$\underset{\underset{NH_2}{|}}{R-\overset{|}{\underset{|}{C}}-COOH}$$

　　氨基酸分子既含碱性的氨基（或亚氨基），又含酸性的羧基；氨基酸的羧基可解离释放 H^+，其自身变为 COO^-，氨基酸的氨基能接受 H^+，形成 NH_3^+，因此氨基酸具有两性解离的性质。

　　② 氨基酸的等电点：当溶液浓度为某一 pH 时，氨基酸分子中所含的 NH_3^+ 和 COO^- 数目正好相等，净电荷为 0。这时溶液的 pH 称为该种氨基酸的等电点，简写符号为 pI。

pH < pI	pH = pI	pH > pI
净电荷 +1	0	−1
正离子	两性离子	负离子

氨基酸在等电点时具有以下性质：

　　a．在等电点时，氨基酸既不向正极也不向负极移动，即氨基酸处于两性离子状态。

　　b．中性氨基酸等电点在 5.0 ~ 6.3，酸性氨基酸等电点在 2.8 ~ 3.2，碱性氨基酸等电点在 7.6 ~ 10.8。

　　c．在等电点时，氨基酸在水中的溶解度最小，易于结晶沉淀。

　　各类氨基酸侧链基团和等电点见图 2 - 1。

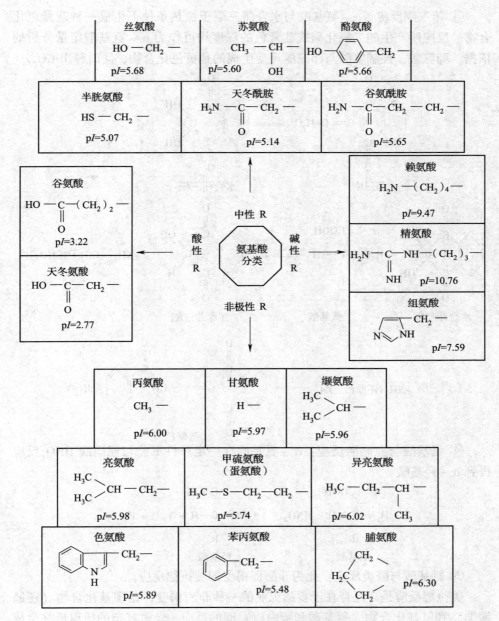

图 2-1　各类氨基酸侧链基团和等电点

　　各种氨基酸的 pI 之所以不同，是由于各种氨基酸分子中所含氨基、羧基等基团数目以及 R 基团的解离程度不同所致。如 R 基团为酸性，则等电点小；R基团为碱性，则等电点大。由于羧基离解 H$^+$ 的能力强于氨基接受 H$^+$ 的能力，故一般氨基酸的等电点偏酸性。各种氨基酸的 pI 见图 3-3。

③茚三酮反应：α-氨基酸与水合茚三酮于加热条件下生成一种蓝紫色化合物。反应所产生的二氧化碳或蓝紫色的深度均可作为α-氨基酸定量分析的依据。脯氨酸、羟脯氨酸与茚三酮反应生成的是黄色化合物，同时释出 CO_2。

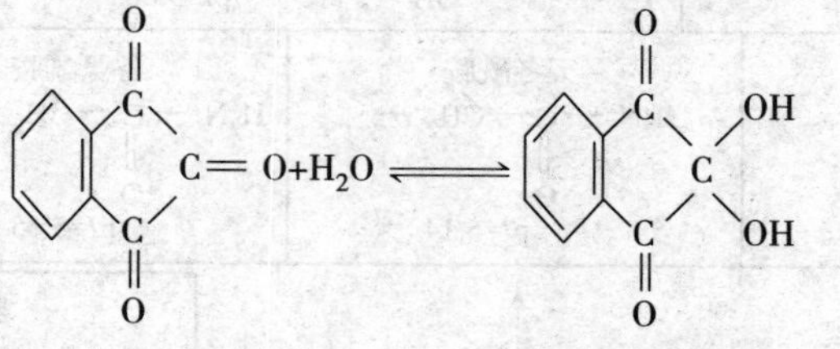

茚三酮　　　　　　　　　　　　　水合茚三酮

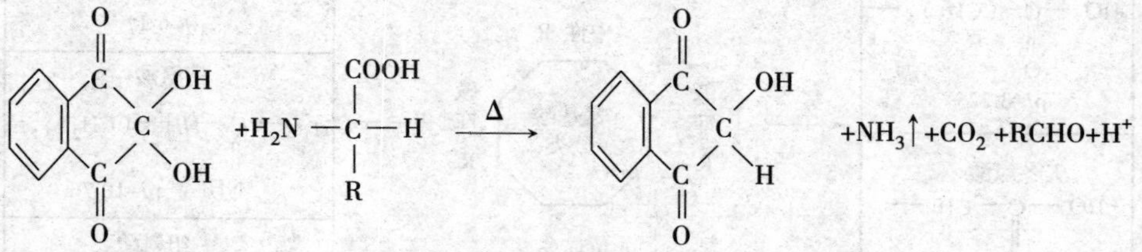

水合茚三酮　　　氨基酸　　　　　还原茚三酮

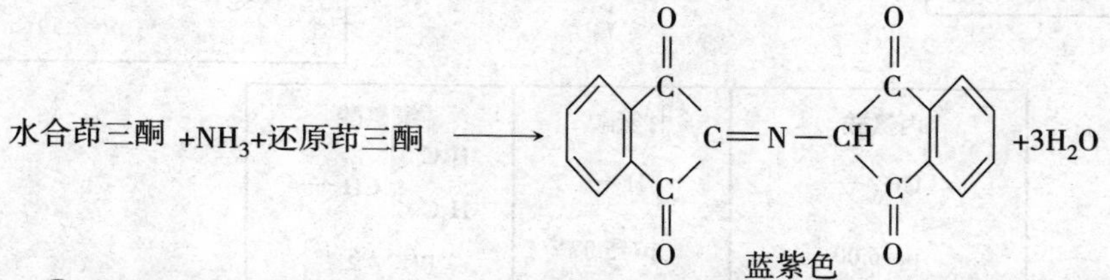

$$+NH_3\uparrow +CO_2 +RCHO+H^+$$

水合茚三酮 $+NH_3+$还原茚三酮 $\longrightarrow$ 　　　蓝紫色　　$+3H_2O$

④氨基酸与亚硝酸反应：α-氨基酸在一定条件下能与亚硝酸 HNO_2 反应得到α-羟基酸。

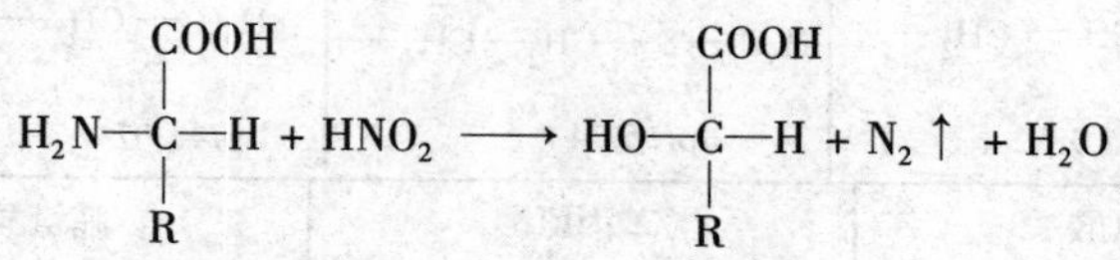

$$H_2N-C-H + HNO_2 \longrightarrow HO-C-H + N_2\uparrow + H_2O$$

氨基酸　　　　　　　　　　羟基酸

⑤氨基酸与醛类反应：此为非酶促褐变即美拉德反应。

美拉德反应是广泛存在于食品工业的一种非酶褐变，是羰基化合物（还原糖类）和氨基化合物（氨基酸和蛋白质）间的反应，经过复杂的历程最终生成棕色甚至是黑色的大分子物质类黑精或称拟黑素，所以又称羰氨反应。

美拉德反应影响因素如下：

a. 还原糖是美拉德反应的主要物质，还原性单糖中五碳糖褐变速度是六碳糖的 10 倍，五碳糖褐变速度排序为：核糖＞阿拉伯糖＞木糖，六碳糖则是：半乳糖＞甘露糖＞葡萄糖。还原性双糖分子质量大，反应速度较慢。在羰基化合物中，α – 乙烯醛褐变最慢，其次是 α – 双糖基化合物，酮类最慢。胺类褐变速度快于氨基酸，氨基酸比蛋白质快，在氨基酸中，碱性氨基酸速度快（赖氨酸、精氨酸）。

b. 20~25℃氧化即可发生美拉德反应。一般每相差 10℃，反应速度相差 3~5倍。30℃以上速度加快，高于80℃时，反应速度受温度和氧气影响小。

c. 水分含量在 10% ~15% 时，反应易发生，完全干燥的食品难以发生。

d. 当 pH 在 3 以上时，反应随 pH 增加而加快。

e. 酸式亚硫酸盐抑制褐变，钙盐与氨基酸结合成不溶性化合物可抑制反应。

$$
\begin{array}{c}
\underset{\text{醛}}{\underset{\text{O}}{\overset{\text{R}'}{\text{C}}}\text{—H}} + \underset{\text{氨基酸}}{\text{H}_2\text{N}\overset{\text{COOH}}{\underset{\text{R}}{\text{—C—H}}}} \rightleftharpoons \text{H}_2\text{O} + \underset{\text{席夫碱}}{\text{H}\overset{\overset{\text{R}'}{\overset{|}{\text{C—H}}}}{\underset{\overset{|}{\text{COOH}}}{\text{—C—R}}}} \longrightarrow \text{类黑色素物质}
\end{array}
$$

⑥ 氨基酸的脱氨基和脱羧基作用：脱氨基作用是指氨基酸分子上除去氨基的酶促反应，脱氨基作用有氧化脱氨、转氨、联合脱氨和非氧化脱氨等方式。

脱羧基作用是指氨基酸在氨基酸脱羧酶催化下进行脱羧作用，生成二氧化碳和一个伯胺类化合物。这个反应除组氨酸外均需要磷酸吡哆醛作为辅酶。氨基酸的脱羧作用，在微生物中很普遍，在高等动植物组织内也有此作用。

$$
\underset{\overset{|}{\text{NH}_3^+}}{\overset{\overset{\text{H}}{|}}{\text{R—C—COO}^-}} \begin{cases} \xrightarrow{\text{脱氨基作用}} \underset{\alpha\text{-酮酸}}{\text{R—CO—COO}^- + \text{NH}_4^+} \\ \xrightarrow{\text{脱羧基作用}} \underset{\text{胺}}{\text{R—CH}_2\text{—NH}_2 + \text{CO}_2} \end{cases}
$$

⑦ 氨基酸与金属的螯合反应：许多重金属离子和氨基酸作用产生螯合物。

氨基酸可以与金属铜、铁、锰等离子产生螯合反应生成螯合物，含硫基的氨基酸其硫基能与极微量的重金属离子如汞、银螯合生成硫醇盐，导致含硫基的酶失去活性。氨基酸与金属离子的螯合反应为吸热反应，反应受温度影响。反应温度越高反应越快，但反应温度太高，反应时间过短将导致反应不彻底，且易破坏氨基酸及其螯合物，反应温度 70~80℃，螯合反应进行得较快。

（三）蛋白质的分类

1. 根据化学组成分类

（1）单纯蛋白质 又称为简单蛋白，这类蛋白质只含由 α – 氨基酸组成的肽链，不含其他成分。据溶解度不同又分为清蛋白、球蛋白、谷蛋白、醇蛋白、组蛋白、精蛋白、硬蛋白等。

① 清蛋白和球蛋白：清蛋白和球蛋白广泛存在于动物组织中，清蛋白易溶于水，球蛋白微溶于水，易溶于稀酸中。

② 谷蛋白和醇溶谷蛋白：谷蛋白和醇溶谷蛋白为植物蛋白，不溶于水，易溶于稀酸、稀碱中，后者可溶于 70% ~80% 乙醇中。

③ 精蛋白和组蛋白：精蛋白和组蛋白为碱性蛋白质，存在于细胞核中。

④ 硬蛋白：硬蛋白存在于各种软骨、腱、毛、发、丝等组织中，又可分为角蛋白、胶原蛋白、弹性蛋白和丝蛋白。

（2）结合蛋白质　结合蛋白质由蛋白质和非蛋白质两部分结合而成。其中非蛋白质部分称为辅助基团。根据辅助基团不同，又可将结合蛋白分为核蛋白、糖蛋白、脂蛋白、色蛋白、磷蛋白、金属蛋白等。

色蛋白由简单蛋白与色素结合而成，如过氧化氢酶、细胞色素 c 等。

糖蛋白由简单蛋白与糖类物质组成，如细胞膜中的糖蛋白等。

脂蛋白由简单蛋白与脂类结合而成，如血清 $\alpha-$、$\beta-$ 脂蛋白等。

核蛋白由简单蛋白与核酸结合而成，如细胞核中的核糖核蛋白等。

磷蛋白由简单蛋白质和磷酸组成，如酪蛋白、角蛋白等。

金属蛋白是直接与金属结合的蛋白质如含铁、锌等。

2. 根据分子形状分类

根据分子形状将蛋白质分为球状蛋白质和纤维状蛋白质，球状蛋白质分子似球形，较易溶解，多属功能蛋白质。纤维状蛋白质形似纤维状，它又可分为可溶性纤维状蛋白质和不溶性纤维状蛋白质。

二、蛋白质的结构

（一）蛋白质的基本结构

多个氨基酸通过肽键相连形成蛋白质，肽键是一分子氨基酸的 $\alpha-$ 羧基与另一分子氨基酸的 $\alpha-$ 氨基脱水缩合形成的酰胺键。

$$R-\underset{\underset{NH_2}{|}}{CH}-COOH + R'-\underset{\underset{NH_2}{|}}{CH}-COOH \underset{+H_2O}{\overset{-H_2O}{\rightleftharpoons}} H_2N-\underset{\underset{H}{|}}{\overset{\overset{R}{|}}{C}}-\underset{\overset{||}{O}}{C}-\underset{\underset{H}{|}}{\overset{\overset{}{|}}{N}}-\underset{\underset{H}{|}}{\overset{\overset{R'}{|}}{C}}-COOH$$

氨基酸通过肽键相连而形成的化合物称为肽。两个氨基酸缩合成二肽，三个氨基酸缩合成三肽，以此类推，多个氨基酸缩合成多肽。多肽呈链状，因此称多肽链。

多肽链中的氨基酸因脱水缩合而稍有残缺，故称为氨基酸残基。多肽链中由肽键连接成的长链骨架称为主链，各氨基酸残基的 R 基团统称侧链。多肽链有两个末端，其中有自由氨基者称为氨基末端（N－末端），有自由羧基者称为羧基末端（C－末端）。书写多肽链简式时，N 末端常用 H－表示，写在左侧；C 末端常用—OH 表示，写在右侧，多肽链中氨基酸顺序编号从 N 端开始。

$$CH_3-\underset{\underset{NH_2}{|}}{CH}-\underset{\overset{\displaystyle O}{\|}}{C}\overline{-OH+H}-\underset{\underset{H}{|}}{N}-CH_2-COOH \xrightarrow{-H_2O} CH_3-\underset{\underset{NH_2}{|}}{CH}-\underset{\overset{\displaystyle O}{\|}}{C}-\underset{\underset{H}{|}}{N}-CH_2COOH$$

← 肽键

丙氨酸   甘氨酸   丙氨酰甘氨酸
（二肽）

多肽链中氨基酸的排列顺序称为蛋白质的一级结构，它是蛋白质的基本结构。维持蛋白质一级结构的主要化学键是肽键，有时也有二硫键。

$$H_2N-\underset{\underset{R_1}{|}}{CH}\boxed{-CO-NH}-\underset{\underset{R_2}{|}}{CH}\boxed{-CO-NH}-\underset{\underset{R_3}{|}}{CH}\boxed{-CO-NH}-\underset{\underset{R_4}{|}}{CH}\boxed{-CO-NH}-\underset{\underset{R_5}{|}}{CH}-CO\cdots-$$

$$NH-\underset{\underset{R_n}{|}}{CH}-COOH$$

（二）蛋白质的空间结构

组成蛋白质的多肽链并非呈线形伸展，而是在三维空间折叠和盘曲，构成特有的空间结构，也称构象。蛋白质的空间结构可分为二级、三级和四级结构。

1. 蛋白质的二级结构

构成蛋白质的多肽链主链原子在多个局部折叠、盘曲而形成的空间结构称为蛋白质的二级结构。

（1）二级结构的形成基础 在多肽链中，肽键的 C—N 键具有一定程度的双键性质，不能自由旋转，于是肽键上的四个原子和相邻的两个 α－碳原子处在一个平面，称为肽键平面。肽键平面两端的 α－碳原子的单键可以旋转，因此整个主链骨架的折叠、盘曲都是由此单键旋转形成的。

（2）二级结构的基本形式

蛋白质二级结构主要有 α—螺旋、β—折叠、β—转角、无规律卷曲等类型。

① α－螺旋 1951 年由美国科学家 Pauling 和 Corey 提出蛋白质空间结构的 α－螺旋结构，其特点如下：

a. 多肽链（图 2－2）以肽键平面为单位，以 α－碳原子为转折，形成右手螺旋样结构。

　　b. 每隔 3.6 个氨基酸残基，螺旋上升一圈，每一个氨基酸残基环绕螺旋轴 100°，螺距为 0.54nm。上下两层螺旋之间形成 CO…HN 氢键，起稳定螺旋作用。

　　c. 氨基酸残基的 R 基团均伸向螺旋外侧，其形状、大小及电荷影响螺旋的形成。带相同电荷的 R 基团集中时，由于同性相斥，不利于螺旋形成；大的 R 基团集中时，会妨碍螺旋形成；甘氨酸 R 基团太小，会影响螺旋稳定；脯氨酸的 α - 碳原子位于五元环上，不易扭转，故不生成典型的 α - 螺旋。

　　α - 螺旋和 β 折叠见图 2 - 3。

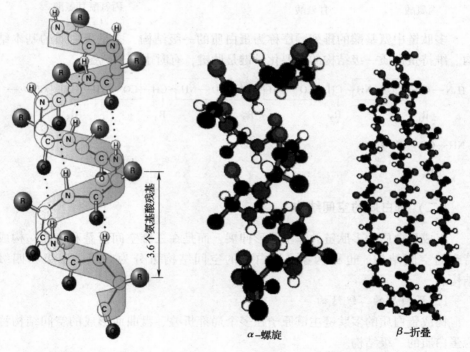

图 2 - 2　多肽链　　　　　　　　图 2 - 3　α - 螺旋和 β - 折叠

　　② β - 折叠层结构：蛋白质空间结构的 β - 折叠层结构也是 Pauling 提出的，是一种相当伸展的肽链结构，其特点如下：

　　a. 肽键平面之间折叠成锯齿状，R 基团交错伸向锯齿状结构上下方。

　　b. 两条肽链或一条肽链内两个肽段间的 C＝O 与 NH 形成氢键，使结构稳定。

　　c. 若两段肽链走向相同，即 N - 末端都在同一端，称为顺向平行，反之为逆向平行。β 折叠的形式十分多样，正反平行能相互交替。

　　③ β - 转角：指肽链中出现的一种 180° 的转折，以氢键维持转折结构的

稳定。

④ 无规则卷曲：多肽链中没有确定规律性的那部分肽段的构象。

2. 蛋白质的三级结构

具有二级结构的多肽链，由于其序列上相隔较远的氨基酸残基侧链的相互作用，而进行广泛的盘曲折叠，形成包括主、侧链在内的空间排布称为蛋白质的三级结构。

在形成三级结构时，肽链中某些局部的二级结构汇集在一起，形成了有一定功能的特定区域称为结构域。稳定三级结构的因素主要是 R 基团之间相互作用形成的各种次级键，如氢键、疏水作用、盐键以及范德华力；此外，二硫键也有重要作用。

蛋白质三级结构维持力见图 2 – 4。

图 2 – 4　蛋白质三级结构维持力

由一条多肽链形成的蛋白质只有具备三级结构时，才有生物学功能。

3. 蛋白质的四级结构

两个或两个以上具有独立三级结构的多肽链，通过非共价键缔合而成的空间结构称为蛋白质的四级结构。四级结构中，多个具有独立三级结构的多肽链称为亚基。几个亚基可以相同也可以不同。四级结构中，亚基之间不含共价键，因此，由一条多肽链构成或由几条多肽链通过共价键相连而成的蛋白质无四级结构。

蛋白质结构的四种层次见图 2 – 5。

三、蛋白质的理化性质

（一）蛋白质的两性电离

1. 蛋白质两性电离

实验中，我们把一些混合蛋白质放在某一 pH 环境的电场中，发现有的蛋白质向正极移动，有的向负极移动，有的不移动。如改变 pH 环境，蛋白质移动情况有所不同，这是为什么？

原来，在蛋白质分子中含有许多能解离出 H^+ 的酸性基团（如 $\alpha - COOH$、$R—COOH$、$R—SH$ 等）和能结合 H^+ 的碱性基团（如 $\alpha - NH_2$ 等）。因此蛋白质是两性电解质，可进行两性电离。

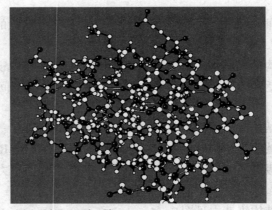

(1)–Arg–Val–Glu–Lys–Met–Val–Leu–Ala–Gly–

(2)

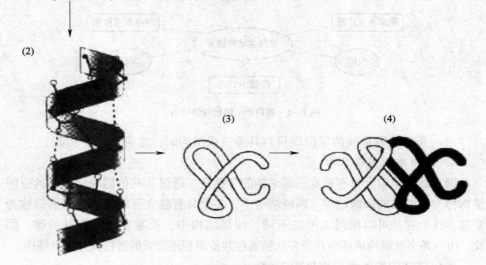

(3)

(4)

图 2 – 5 蛋白质结构的四种层次

（1）一级结构（氨基酸序列） （2）二级结构（α 螺旋） （3）三级结构 （4）四级结构

溶液中的蛋白质是呈阳离子、阴离子还是兼性离子，取决于溶液的 pH 及分子中酸、碱性基团的数量和比例。当蛋白质在某溶液中带有等量的正、负电荷时，被称为兼性离子。兼性离子的净电荷为零，故在电场中不移动，此时蛋白质分子的解离状态可用下式表示：

$$
\underset{\substack{\text{正离子}\\ pH < pI}}{\underset{NH_3^+}{Pr}\!\!-\!COOH}
\;\underset{+H^+}{\overset{+OH^-}{\rightleftharpoons}}\;
\underset{\substack{\text{兼性离子}\\ pH = pI}}{\underset{NH_3^+}{Pr}\!\!-\!COO^-}
\;\underset{+H^+}{\overset{+OH^-}{\rightleftharpoons}}\;
\underset{\substack{\text{负离子}\\ pH > pI}}{\underset{NH_2}{Pr}\!\!-\!COO^-}
$$

2. 蛋白质的等电点

蛋白质以兼性离子状态存在时，溶液的 pH 即为该蛋白质的等电点，即 pI。各种蛋白质具有特定的 pI，这与其分子中所含酸性和碱性基团的数目及解离程度有关。含酸性氨基酸残基多的蛋白质其 pI 偏酸，含碱性氨基酸残基多的蛋白质其 pI 偏碱。

等电点与蛋白质性质有密切的关系。等电点时总的净电荷为零，溶解度最小，产生沉淀，利用蛋白质在等电点时溶解度最小，分离纯化某一种蛋白质，这称为等电点沉淀法。等电点时除了蛋白质的溶解度最小，其导电性、黏度、渗透压以及膨胀性均为最小。

蛋白质阴、阳离子在电场中分别向相反电极移动，带电粒子在电场中向相反电极移动的现象称为电泳。电泳的方向取决于带电粒子带电荷的性质，电泳的速度取决于带电粒子电荷的多少、分子质量的大小等。带电荷量大，分子质量小者泳动快，反之泳动慢。利用电泳技术可以把某种蛋白质从混合液中分离出来。

电泳仪见图 2 - 6。

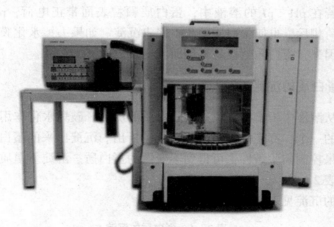

图 2 - 6　电泳仪

（二）蛋白质的高分子性质

蛋白质是高分子化合物，其分子质量小者数千，大者数千万，直径属于胶体范围。

1. 蛋白质的沉降系数

由于蛋白质分子的相对密度略大于水，在特定条件下超速离心（一般为60000 ~ 80000r/min）会发生沉降。单位力场中的沉降速度即为沉降系数（S）。沉降系数与蛋白质分子质量的大小、分子形状、密度以及溶剂密度的高低有关，通常情况下，分子质量大、颗粒紧密，沉降系数也大，故利用超速离心法可以分离纯化蛋白质，也可以测定蛋白质的分子质量。在生物化学中有些高分子物质即以沉降系数来命名。如 30S 核糖体小亚基、5S rRNA 等。

2. 胶体溶液

蛋白质溶液具有胶体溶液的一般性质，如扩散速度慢、黏度大，不能透过半透膜等。半透膜是各种生物膜或由人工制造的膜。利用蛋白质分子不能透过半透膜，使蛋白质和其他小分子物质分离称为透析。利用压力或离心力，强使水和其他小分子溶质通过半透膜（超滤膜）称为超滤。

3. 稳定性

蛋白质溶液是稳定胶体溶液的原因主要是蛋白质有水化作用和同性电荷相斥。

溶液中的蛋白质大多呈球形，其疏水基团多聚集在分子内部，亲水基团多位于分子表面与周围水分子产生水合作用，使蛋白质表面有多层水分子包围（每 1g 蛋白质可结合 0.3 ~ 0.5g 水），形成稳定的水化膜，将蛋白质颗粒相互隔开。

同时，若在 pH < pI 的溶液中，蛋白质颗粒表面带正电荷，pH > pI 时相反，同性电荷相斥，也使蛋白质颗粒不聚集沉淀。如果去掉水化膜和同性电荷这两个稳定因素，蛋白质就极易聚集而沉淀。

（三）蛋白质的沉淀

蛋白质从溶液中析出的现象称为蛋白质的沉淀。破坏水化作用和同性电荷两个因素中的一个，都能使蛋白质从溶液中析出。沉淀出来的蛋白质，有时是变性的，如果控制实验条件，可得到不变性的蛋白质。沉淀蛋白质的主要方法及其原理见表 2 - 4。

蛋白质的沉淀见表 2 - 4。

表 2 - 4　蛋白质的沉淀

方法	沉淀剂	原理	变性	应用
盐析	硫酸胺、氯化钠等	脱水、中和电荷	无	分离制备蛋白质、酶等
重金属盐	Cu^{2+}、Hg^{2+}、Pb^{2+} 等	Pr—COO—Hg—OOC—Pr（pH > pI 时）	有	误服重金属盐中毒，口服牛奶蛋清抢救
有机溶剂	乙醇、丙酮、甲醇等	脱水	有/无	消毒灭菌
某些酸类	苦味酸、磷钼酸、三氯酸、醋酸等	Pr—NH$_3^+$ X$^-$（pH < pI 时）	有	检查尿蛋白、制备无蛋白血滤液、去除蛋白质杂质
加热凝固		蛋白质变性、凝固	有	消毒灭菌

蛋白质沉淀分为可逆沉淀和不可逆沉淀。

1. 可逆沉淀

在蛋白质溶液中加入中性盐，可产生盐溶和盐析两种现象，它们属于可逆沉淀，另外蛋白质的有机溶剂沉淀也属于可逆沉淀。

（1）盐溶　在盐浓度很稀的范围内，随着盐浓度增加，蛋白质的溶解度也随之增加，这种现象称为盐溶。盐溶的作用机理是由于蛋白质表面电荷吸附某种盐离子后，带电表层使蛋白质分子彼此排斥，而蛋白质分子与水分子间的相互作用却加强，因而使溶解度提高。

（2）盐析　当中性盐浓度增加到一定程度时，蛋白质的溶解度明显下降并沉淀析出的现象，称为盐析。盐析的作用机理是由于大量盐的加入，使水的活度降低，使原来溶液中的大部分自由水转变为盐离子的水化水，从而降低了蛋白质极性基团与水分子间的相互作用，破坏蛋白质分子表面的水化层。

不同蛋白质盐析时所需的盐浓度不同，调节盐浓度可使混合蛋白质溶液中的几种蛋白质分段析出，这种方法称为分段盐析。

（3）有机溶剂沉淀　水溶性有机溶剂如丙酮、乙醇、甲醇等达到相当饱和度时可以使蛋白质沉淀。由于这些溶剂与水的亲和力比蛋白质强，能夺取蛋白质分子表面的水化膜，同时降低水的介电常数，增加蛋白质分子间的静电相互作用，导致蛋白质分子聚集沉淀。

2. 不可逆沉淀

蛋白质在有重金属存在或酸碱试剂存在下，或受热变性后，容易产生不可逆沉淀。

（1）重金属沉淀　当溶液 pH 大于等电点时，蛋白质颗粒带净负电荷，易与重金属离子结合成不溶性盐而沉淀析出。

（2）生物碱试剂或酸　当 pH 小于等电点时，蛋白质分子以阳离子形式存在，易与生物碱或酸根负离子结合成不溶性盐而沉淀。

（3）热凝固沉淀　蛋白质受热变性后，再加入少量盐类或将 pH 调至等电点，则很容易发生凝固变性。

（四）蛋白质的变性

天然蛋白质因受物理或化学因素的影响，其分子原有的高度规律性结构发生变化，致使蛋白质的理化性质和生物学性质都有所改变，但并不导致蛋白质一级结构的破坏，这种现象称为变性作用。变性后的蛋白质称为变性蛋白质。

从分子结构看，变性作用是蛋白质分子多肽链特有的有规则排列发生了变化，成为较混乱的排列。

蛋白质变性图示见图 2 - 7。

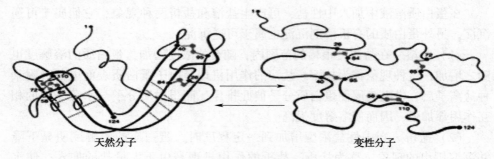

天然分子　　　　　　　　　　　　　变性分子

图 2 - 7　蛋白质变性图示

1. 变性蛋白质的特点

（1）肽链松散，空间结构改变。

（2）失去生物活性。

（3）溶解度降低，易形成沉淀析出。

（4）易被蛋白水解酶消化水解。

除去变性因素，蛋白质构象可恢复，是可逆的变性。除去变性因素，蛋白质构象不可恢复，为不可逆变性。

2. 引起蛋白质变性的因素

引起蛋白质变性的因素，有热变性、辐射变性、高压变性、超声波变性等物理因素，也有酸和碱作用引起变性，有机溶剂引起变性，重金属盐引起变性等化学因素。

（五）蛋白质的其他理化性质

1. 蛋白质的紫外吸收特征

蛋白质分子中常含酪氨酸、苯丙氨酸和色氨酸，这些氨基酸的侧链有苯环结构，在紫外 280nm 波长处有最大吸收峰，故利用紫外吸收法可测定蛋白质含量。

2. 蛋白质的呈色反应

（1）双缩脲反应　双缩脲反应是肽键的特有反应。即肽与铜离子在碱性条件下，形成络合物，呈紫色，颜色深浅与蛋白质浓度成正比。

$$\underset{\text{尿素}}{\underset{NH_2}{\overset{NH_2}{C=O}} + \underset{NH_2}{\overset{NH_2}{C=O}}} \xrightarrow{180℃} \underset{\text{双缩脲}}{H_2N-\overset{O}{\overset{\|}{C}}-NH-\overset{O}{\overset{\|}{C}}-NH_2} + NH_3$$

双缩脲反应是两分子双缩脲与碱性硫酸铜作用，生成紫红色的复合物。含有两个或两个以上肽键的化合物，能发生同样的反应。肽键越多颜色越深，受蛋白质特异性影响小。

（2）酚试剂法　蛋白质中酪氨酸和色氨酸等残基在碱性条件下与酚试剂反应显蓝色，颜色深浅与蛋白质浓度成正比。

（3）蛋白质的风味结合性质　蛋白质本身并没有气味，但是他们能与风味化合物结合，从而影响食品的风味。

蛋白质结合风味物质可改善食品的感官性质。如含植物蛋白的仿真肉品加工时，蛋白质能与肉味风味物质牢固结合，从而达到成功模仿肉类风味的目的。

蛋白质结合风味物质也有不利影响。如油料种子中的不饱和脂肪酸被氧化后形成的醛、酮类化合物易被油料种子中的蛋白质结合而呈现人们不期望的风味。

课题二　蛋白质分解代谢

一、蛋白质水解酶

蛋白质和多肽的肽键可被催化水解，酸/碱能将蛋白完全水解，得到各种氨基酸的混合物，蛋白质也可被酶水解，酶水解一般是部分水解，得到多肽片段和氨基酸的混合物。

催化蛋白质水解的酶主要有蛋白酶和肽酶。

1. 蛋白酶

肽链内切酶是使肽链断裂的蛋白质水解酶，称为蛋白酶，也称内肽酶，目前用于肽链断裂的蛋白酶已有十多种。植物的根、茎、叶、花、果及种子中普遍存在蛋白酶。例如，木瓜叶片中的木瓜蛋白酶由 212 个氨基酸残基组成，具有高度的专一性，只能水解肽链中的赖氨酸、精氨酸及甘氨酸的羧基侧形成的肽键，在医药上可以治疗消化不良，工业上可用于啤酒的澄清剂。另外，菠萝的叶、果中含有菠萝蛋白酶；无花果中含有无花果蛋白酶，它们的性质和作用与木瓜蛋白酶相似。

2. 肽酶

蛋白水解酶作用示意图见图 2－8。

肽链端切酶可以分别从蛋白质多肽链的游离羧基端或游离氨基端逐一地将肽链水解成氨基酸，也称肽酶。作用于氨基端的称为氨肽酶，作用于羧基端的称为羧肽酶。蛋白质经肽链端切酶作用产生许多氨基酸或二肽。氨肽酶是一类

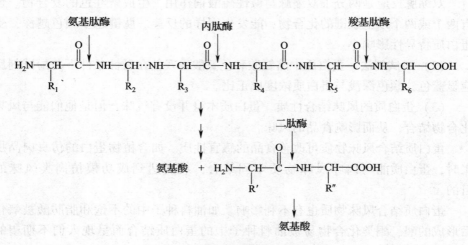

图2-8 蛋白水解酶作用示意图

肽链端切酶，也称外肽酶，它们水解氨基末端的肽键，能从多肽链的 N 端逐个地向里切。羧肽酶也是一类肽链端切酶，它专一地从肽链的 C 末端开始逐个降解，释放出游离氨基酸。羧肽酶有 A、B 两种，分别称为羧肽酶 A、羧肽酶 B。羧肽酶 A 主要水解由各种中性氨基酸为羧基末端构成的肽键。羧肽酶 B 主要水解由赖氨酸、精氨酸等碱性氨基酸为羧基末端构成的肽键。

二、蛋白质降解

蛋白质的酶促降解，就是在酶的催化下通过加水分解，使蛋白质中的肽键断裂，最后生成氨基酸的过程。

$$蛋白质——胨——胨——多肽——肽——氨基酸$$
$$1 \times 10^4 \quad 5 \times 10^3 \quad 2 \times 10^3 \quad 1000 \quad 200 \sim 500 \quad 100$$

植物和微生物的营养类型与动物不同，不能直接利用蛋白质作为营养物质，但其细胞内的蛋白质在代谢时仍然需要通过蛋白酶将蛋白质水解为氨基酸。如木瓜中的木瓜蛋白酶，菠萝中的菠萝蛋白酶，无花果中的无花果蛋白酶等都可使蛋白质水解，其水解作用在种子萌芽时最为旺盛。发芽时，胚乳中贮存的蛋白质在蛋白酶催化下水解为氨基酸。酿酒生产中，蛋白质经过降解为氨基酸，氨基酸再经过降解和转化，加入到白酒成品成分的生成中。

蛋白质经过各种酶的协同作用，转变为游离氨基酸后，在细胞内的代谢有多种途径。一种是经生物合成形成蛋白质，一种是进行分解代谢。氨基酸的分解一般总是先脱去氨基，形成碳骨架——α-酮酸，可进行氧化，形成二氧化碳和水，产生 ATP，也可以转化为糖和脂肪。

三、氨基酸的降解与转化

α－氨基酸的功能除去它是蛋白质的组成单位外，还是能量代谢的物质，又是许多生物体内重要含氮化合物的前体。

氨基酸代谢情况见图2－9。

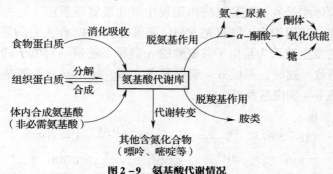

图2－9 氨基酸代谢情况

氨基酸的分解一般有三步：

第一步脱氨也就是脱氨基，这里脱下的氨基或转化为氨，或转化为天冬氨酸或谷氨酸的氨基。

第二步氨与天冬氨酸的氮原子相结合，成为尿素并被排放。

第三步氨基酸的碳骨架即脱氨基产生的α－酮酸转化为一般的代谢中间体。

（一）氨基酸的脱氨基作用

1.转氨基作用

氨基酸分解代谢的第一步常是α－氨基的脱离。分离出多余的氮，并留下碳骨架进一步降解。

绝大多数氨基酸的脱氨基是出自转氨基作用。氨基酸脱下的氨基转移到一个α－酮酸分子上，产生与氨基酸相应的酮酸和一个新氨基酸，这种作用称为转氨基作用。此反应中脱下氨基是α－酮戊二酸，新生成的氨基酸为谷氨酸。催化转氨基反应的酶称为转氨酶，它催化的反应是可逆的。其可逆反应是动物体合成非必需氨基酸的重要途径。转氨基作用示意图如下：

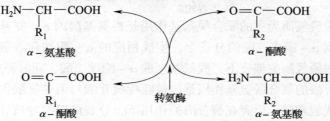

大多数转氨酶都需要 α – 酮戊二酸作为氨基受体是有意义的，这就意味着许多氨基酸的氨基，通过转氨基作用转化为谷氨酸，再以 L – 谷氨酸脱氢酶的催化导致氨基酸的氧化分解。

2. 氧化脱氨基作用

这是氨基酸脱氨基的主要方式，脱去氨基后，氨基酸转变为相应的酮酸。谷氨酸在线粒体中受谷氨酸脱氢酶作用发生氧化脱氨基反应。这是唯一为人所知的，至少在一些组织中，既可把 NAD^+ 又可把 $NADP^+$ 作为它的氧化还原辅酶的酶。氧化的发生被认为是由于谷氨酸的 α 碳原子的带一对电子的质子转移到 $NAD(P)^+$ 所致。这时，形成 α – 亚氨基戊二酸。这个具有亚氨基的中间产物经水解即形成 α – 酮戊酸及氨。

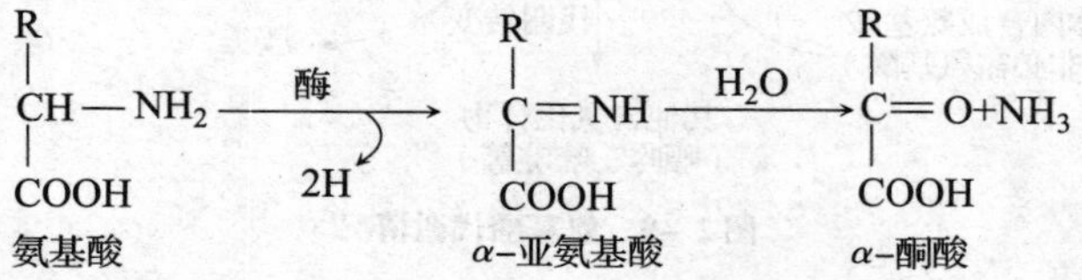

$$
\begin{array}{ccc}
R & R & R \\
| & | & | \\
CH-NH_2 & \xrightarrow[2H]{\text{酶}} \ C=NH & \xrightarrow{H_2O} \ C=O+NH_3 \\
| & | & | \\
COOH & COOH & COOH
\end{array}
$$

氨基酸 　　　　　　α –亚氨基酸 　　　α –酮酸

3. 联合脱氨基作用

氨基酸的转氨基作用虽然在生物体内普遍存在，但是单靠转氨基作用并不能最终脱掉氨基。当前联合脱氨基作用有两个内容：其一是以谷氨酸脱氢酶为主的联合脱氨基作用；其二是嘌呤核苷酸的联合脱氨基作用。

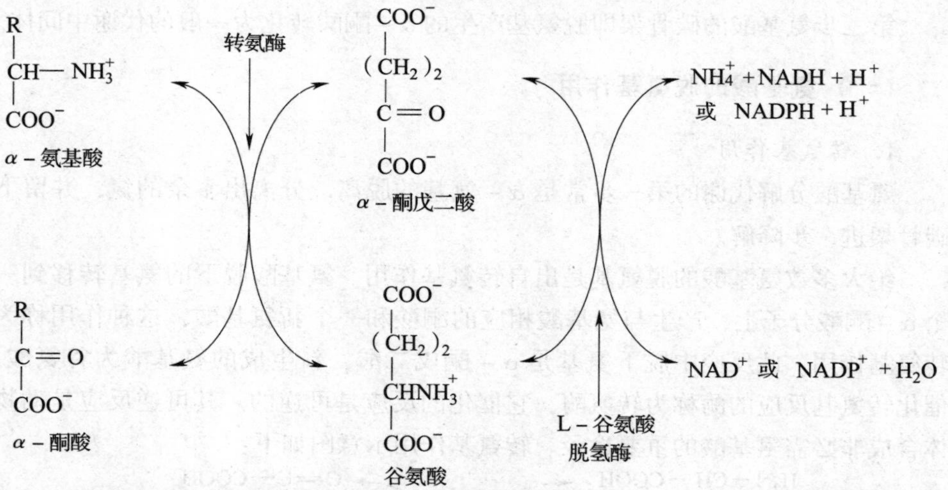

以谷氨酸脱氢酶为主的联合脱氨基作用是指氨基酸的 α – 氨基借助转氨基作用，转移到 α – 酮戊二酸的分子上，生成相应的 α – 酮酸和谷氨酸，然后谷氨酸在谷氨酸脱氢酶的催化下，脱氨基生成 α – 酮戊二酸，同时释放出氨。

嘌呤核苷酸的联合脱氨基作用是次黄嘌呤核苷酸与天冬氨酸作用形成中间产物腺苷酸代琥珀酸，后者在裂合酶的作用下，分裂成腺嘌呤核苷酸和延胡索酸，腺嘌呤核苷酸水解后即产生游离酸和次黄嘌呤核苷酸。

天冬氨酸主要来源于谷氨酸，由草酰乙酸与谷氨酸转氨而来，催化此反应的酶称为谷氨酸 – 草酰乙酸转氨酶，简称谷草转氨酶，又称谷氨酸：天冬氨酸转氨酶。从 α – 氨基酸开始的联合脱氨基作用可概括如下所示：

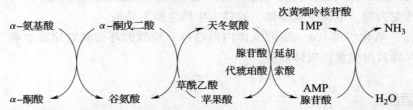

以谷氨酸脱氢酶为中心的联合脱氨基作用，虽然在机体内广泛存在，但不是所有组织细胞的主要脱氨方式。

（二）氨基酸的脱羧基作用

机体内部分氨基酸可进行脱羧而生成相应的一级胺。催化脱羧反应的酶称为脱羧酶，这类酶的辅酶为磷酸吡哆醛，其所催化的反应如下。

$$ {}^+H_3NCHCOO^- \underset{}{\overset{R}{|}} \xrightarrow{\text{氨基酸脱羧酶}} RCH_2NH_2 + CO_2 $$

氨基酸脱羧酶的专一性很高，一般是一种氨基酸一种脱羧酶，而且只对 L – 氨基酸起作用。在脱羧酶中只有组氨酸脱羧酶不需要辅酶。氨基酸的脱羧反应普遍存在于微生物、高等动植物组织中。

（三）氨基酸分解产物的去路

氨基酸在体内分解主要通过氨基酸的脱氨基作用脱去氨基生成 NH₃ 和 α – 酮酸，因此氨基酸分解产物的去路包括氨的代谢去路和 α – 酮酸的代谢去路。

1. 氨的代谢去路

氨基酸经过前述的氧化脱氨基作用、脱酰氨基作用，或经嘌呤核苷酸循环等途径将氨基氮转变为氨。从氨基酸上脱下的氮，除一部分用于进行生物合成外，多余的氨即排到周围环境中，有些微生物可将游离氨用于形成细胞的其他含氮物质。

2. α – 酮酸的代谢去路

氨基酸脱氨基生成的 α – 酮酸有以下三条代谢途径：

（1）经氨基化作用生成非必需氨基酸 α – 酮酸的氨基化须经联合脱氨基作用的逆过程合成非必需氨基酸。而 α – 酮戊二酸则在谷氨酸脱氢酶作用下直接氨基化生成谷氨酸。

（2）转变为糖及脂肪　体内多数氨基酸脱去氨基后生成的 α - 酮酸可经糖异生途径转变为糖，这些在体内能转变为糖的氨基酸称为生糖氨基酸，亮氨酸可转变为酮体（β - 羟丁酸、乙酰乙酸和丙酮），称为生酮氨基酸。生酮氨基酸可通过脂肪酸合成途径转变为脂肪酸。苯丙氨酸、色氨酸、酪氨酸、异亮氨酸既可转变为糖，也能生成酮体，故称为生糖生酮氨基酸。

（3）氧化供能　α - 酮酸在体内可通过三羧酸循环彻底氧化成水和二氧化碳，并释放出能量供机体需要。

课后练习

一、名词解释

蛋白质的等电点、电泳、蛋白质的变性、蛋白质的变构、转氨基作用、氧化脱氨基作用、联合脱氨基作用

二、简答题

1. 蛋白质特征元素有何实际应用？
2. 说出蛋白质基本组成单位及其结构特征。
3. 解释蛋白质各级结构概念，并指出维系各级结构的键和力。
4. 简述 α - 螺旋结构要点。
5. 列举蛋白质变性、沉淀的应用实例。
6. 蛋白质降解中有哪些重要酶？

三、思考题

1. 误服重金属盐中毒病人，早期如何抢救？为什么？
2. 据所学知识分析：某溶液中有 A、B、C、D 四种蛋白质，其中：蛋白质 A：相对分子质量 6.9 万，pI 5.0；蛋白质 B：相对分子质量 20 万，pI 6.0；蛋白质 C：相对分子质量 20 万，pI 为 8.0；蛋白质 D：相对分子质量 6.9 万，pI 为 8.6；它们在 pH8.6 的环境中电泳顺序如何？
3. 简要阐述氨基酸分解的三个步骤。

技能训练 3　氨基酸纸层析法

一、实验目的

1. 学习并了解分配层析的原理。
2. 掌握纸层析法分离氨基酸的原理和步骤。

二、实验原理

纸层析法是发酵生化上分离、鉴定氨基酸混合物的常用技术，可用于蛋白

质的氨基酸成分的定性鉴定和定量测定。纸层析法是用滤纸为支持物进行层析的方法，所用展层溶剂大多由水和有机溶剂组成，滤纸纤维与水的亲和力强，与有机溶剂的亲和力弱，因此在展层时，水是固定相，有机溶剂是流动相。溶剂由下向上移动的，称为上行法；由上向下移动的，称为下行法。将样品点在滤纸上（此点称为原点），进行展层，样品中的各种氨基酸在两相溶剂中不断进行分配。由于它们的分配系数不同，不同氨基酸随流动相移动的速率就不同，于是就将这些氨基酸分离开来，形成距原点距离不等的层析点。

溶质在滤纸上的移动速率用 R_f 值表示：

$$R_f = \frac{原点到层析斑点中心的距离}{原点到溶剂前沿的距离}$$

在一定条件下某种物质的 R_f 值是常数。R_f 值的大小与物质的结构、性质、溶剂系统、温度、湿度、层析滤纸的型号和质量等因素有关。只要条件（如温度、展层溶剂的组成）不变，R_f 值是常数，故可根据 R_f 值作定性判断。

样品中如有多种氨基酸，其中某些氨基酸的 R_f 值相同或相近，此时如只用一种溶剂展层，就不能将它们分开。为此，当用一种溶剂展层后，将滤纸转动90度，再用另一溶剂展层，从而达到分离目的，这种方法称为双向纸层析法。

氨基酸无色，可利用茚三酮显色反应，将氨基酸层析点显色做定性、定量用。

三、实验材料与器具

1. 试剂

（1）溶剂系统

碱性溶剂：V［正丁醇（A. R.）］：V（12% 氨水）：V（95% 乙醇）＝13:3:3

酸性溶剂：V［正丁醇（A. R.）］：V（80% 甲酸）：V（水）＝15:3:2

（2）显色贮备液 V（0.4mol/L 茚三酮异丙醇溶液）：V（甲酸）：V（水）＝20:1:5。

（3）V（0.1% 硫酸铜）：V（75% 乙醇）＝2:38 溶液，现配现用。

2. 器具

混合氨基酸溶液（蛋清或血清水解后的氨基酸干粉）6mg/mL、滤纸、烧杯10mL（×1）、剪刀、层析缸（×2）、微量注射器10（×1）或毛细血管、电吹风（×1）、722 型（或 7220 型）分光光度计。

四、实验步骤

1. 滤纸准备

选用新华1号滤纸，裁成24cm×28cm的长方形，在距纸一端2cm处用铅笔轻轻划一基线，在线上每隔3cm，画一小点样的原点。

2. 点样

用毛细管吸取少量氨基酸样品点于原点（分批点完），用吹风机稍加吹干后再点下一次，重复3次，点子直径不能超过0.5cm。

3. 展层

将点好样的滤纸，用白线缝好，制成圆筒，原点在下端，浸立在培养皿内，不需平衡，立即展层。展层剂为酸性溶剂系统 [V（正丁醇）：V（甲酸）：V（水）=15:3:2]，把展层剂混匀，倒入培养皿内，同时加入显色贮备液（每10mL展层剂加0.1～0.5mL的显色贮备液）进行展层，当溶剂展层至距滤纸上沿12cm时。

氨基酸纸层析装置见图1。

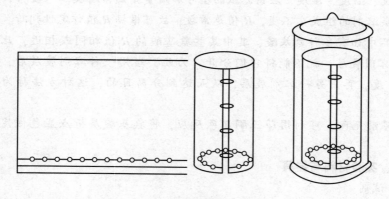

图1 氨基酸纸层析装置

4. 显色

展层毕，取出滤纸，用热风吹干，蓝紫色斑点即显现。

5. 结果

用铅笔轻轻描出显色斑点的形状，并用一直尺度量每一显色斑点中心与原点之间的距离和原点到溶剂前沿的距离，计算各色斑的 R_f 值，与标准氨基酸的 R_f 值对照，确定混合物中含有哪些氨基酸。

五、注意事项

1. 原点的直径不能大于0.5cm，否则分离效果不好，并且样品用量大，会造成"拖尾巴"现象。

2. 层析时原点要高于培养皿中扩展剂液面约1cm，如原点浸入扩展液会影响展层效果。

3. 取滤纸前，要将手洗净，否则手上的汗渍会污染滤纸，并尽可能少接触滤纸。可将滤纸平放在洁净的滤纸上，不可放在实验台上，以防止污染。

技能训练4　紫外吸收法测定蛋白质含量

一、实验目的
1. 学习测定蛋白质的另一种方法。
2. 进一步了解蛋白质的有关知识。

二、实验原理
蛋白质分子中的酪氨酸、色氨酸等残基在波长280nm处具有最大吸收峰。由于各种蛋白质都含有酪氨酸，因此280nm处的光吸收是蛋白质的一种普通性质。在一定程度上，蛋白质溶液在280nm处的吸光度与其浓度成正比，故可用作蛋白质定量测定。核酸在紫外线区也有强吸收，可通过校正加以消除。

三、实验材料与器具
1. 材料

（1）60%碱性乙醇溶液　称取NaOH 2g，溶于少量60%乙醇溶液中，然后用60%乙醇溶液稀释至1000mL。

（2）300g/L NaOH溶液。

（3）石英砂、玉米、稻米等。

2. 器具

40目筛、研钵、容量瓶、离心机、分光光度计。

四、实验步骤
1. 准确称取粉碎并过40目筛的样品0.5g，置研钵中，加少量石英砂和300g/L NaOH溶液2.0mL，研磨2min。

2. 再加60%碱性乙醇溶液3mL，研磨5min。

3. 然后用60%碱性乙醇溶液将研磨好的样品材料洗入25mL容量瓶中，定容，摇匀静置片刻。

4. 取部分浸提液离心10min（3500r/min）。

5. 吸取上清液1mL于25mL容量瓶中，用60%碱性乙醇溶液稀释并定容，摇匀。

6. 同样，按以上操作做试剂空白试验。

7. 于280nm和260nm波长，用1cm比色皿，以试剂空白为对照分别测定样品的吸光度。

五、计算

$$蛋白质含量（\%）=（1.45 \times A_{280nm} - 0.74 \times A_{260nm}）\times n \times 1/m \times 100/1000$$

式中　A_{280}——试样与空白在280nm处测得的吸光度差

A_{260}——试样与空白在 260nm 处测得的吸光度差

　　n——待测试样稀释倍数

　　m——称取试样质量，g

1000——由 mg 换算成，g

技能训练 5　粗蛋白的测定

一、实验目的

1. 理解微量凯氏定氮法的实验原理，掌握实验操作步骤，重点掌握消化、蒸馏和滴定过程。学会粗蛋白含量的计算方法。

2. 能利用凯氏半微量定氮法测定粗蛋白的含量，结果符合要求；学会消化、蒸馏和滴定操作。

二、实验原理

凯氏法测定试样含氮量，即在催化剂上，用硫酸破坏有机物，使含氮物转化成硫酸铵。加入强碱并蒸馏使氨逸出，用硼酸吸收后，用酸滴定测出氮含量，乘以氮与蛋白质的换算系数 6.25 计算粗蛋白质量。该方法不能区别蛋白质状态的氮和非蛋白质状态的氮，测定结果中除蛋白质外，还有氨基酸、酰胺、铵盐和部分硝酸盐、亚硝酸盐等，所以测定的是粗蛋白含量。

三、实验试剂与器材

1. 试剂与材料

（1）硫酸　化学纯。

（2）硫酸铜　化学纯。

（3）硫酸钾　化学纯（或硫酸钠：化学纯）。

（4）氢氧化钠　化学纯，40g 溶成 100mL 配成 40% 水溶液（W/V）。

（5）硼酸　分析纯，2g 溶于 100mL 水配成 2% 溶液（W/V）。

（6）混合指示剂　0.1% 甲基红乙醇溶液，0.5% 溴甲酚绿乙醇溶液，临用时两溶液等体积混合。

（7）0.05mol/L 盐酸标准溶液（邻苯二甲酸氢钾法标定）　4.2mL 盐酸，分析纯，注入 1000mL 蒸馏水中。

（8）蔗糖　分析纯。

（9）硫酸铵　分析纯。

（10）材料　高梁、小麦等谷类种子。

2. 仪器设备

（1）实验室用样品粉碎机或研钵。

（2）分析筛 孔径0.45mm（40目）。

（3）分析天平 感量0.0001g。

（4）消煮炉或电炉。

（5）滴定管 酸式。25mL或10mL。

（6）凯氏烧瓶 100mL或500mL。

（7）凯氏蒸馏装置 常量直接蒸馏式或半微量水蒸气蒸馏式。

（8）锥形瓶 150mL或250mL。

（9）容量瓶 100mL。

（10）漏斗。

（11）铁架台。

四、实验步骤

1. 试样的消煮

称取0.51g试样准确至0.002g，无损失地放入凯氏烧瓶中，加入硫酸铜0.4g，无水硫酸钾（或硫酸钠）6g，与试样混合均匀，再加硫酸15mL和2粒玻璃珠，在消煮炉上小心加热，待样品焦化，泡沫消失，再加强火力（360～410℃）直至溶液澄清后，再加热至少2h（注：保持瓶内液体微沸，至液体呈蓝绿色澄清透明后，再继续加热0.5h）。

2. 氨的蒸馏（半微量水蒸气蒸馏法）

按图1组装凯氏定氮装置，包含蒸汽发生器、反应瓶及冷凝管三部分。将上述试样消煮液冷却，加蒸馏水20mL，转入100mL容量瓶，冷却后用水稀释至刻度，摇匀，为试样分解液。取10mL 2%硼酸溶液，加混合指示剂2滴，使凯氏定氮装置的冷凝管末端浸入此溶液。蒸馏装置的蒸汽发生器的水中应加甲基红指示剂数滴，硫酸数滴，且保持此液为橙红色，否则补加硫酸。准确移取试样分解液10mL注入蒸馏装置的反应室中，用少量蒸馏水冲洗进样入口，塞好入口玻璃塞，再加10mL 40%氢氧化钠溶液，小心提起玻璃塞使之流入反应室中，将玻璃塞塞好，且在入口处加水封好，防止漏气，蒸馏4min，使冷凝管末端离开吸收液面，再蒸馏1min，用蒸馏水洗冷凝管末端，洗液均流入吸收液。

凯氏定氮装置见图1。

3. 滴定

吸收氨后的吸收液立即用0.05mol/L盐酸标准溶液滴定，将溶液由蓝绿色变为灰红色为终点。

4. 空白测定

称取蔗糖0.1g，代替试样，进行空白测定，消耗0.05mol/L盐酸标准溶液的体积不得超过0.3mL。

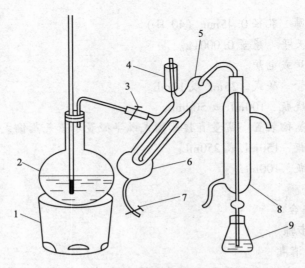

图1　凯氏定氮装置

1—电炉　2—烧瓶　3—橡皮管　4—加样器　5—反应室
6—反应室外层　7—废液管　8—冷凝管　9—硼酸吸收液

五、计算

1．公式

$$粗蛋白质（\%）= \left[(v_2 - v_1) \times C \times 0.0140 \times 6.25 \right] \times 100 \div \left[v' \div v \times m \right]$$

式中　v_2——滴定试样时所需酸标准溶液体积，mL

　　　v_1——滴定空白时所需酸标准溶液体积，mL

　　　C——盐酸标准溶液浓度，mol/L

　　　m——试样重量，g

　　　v——试样分解液总体积，mL

　　　v'——试样分解液蒸馏用体积，mL

　　0.0140——与1.00mL盐酸标准溶液（盐酸浓度为1.000mol/L）相当的以克表示的氮的质量

　　6.25——氮换算成蛋白质的平均系数

2．重复性

每个试样取两平行样进行测定，以其算术平均值为结果；

当粗蛋白质含量在25%以上，允许相对偏差为1%；

当粗蛋白质含量在10%~25%，允许相对偏差为2%；

当粗蛋白质含量在10%以下，允许相对偏差为3%。

六、注意事项

1．消化时一般样品液成绿色。

2．称取样品和接收瓶重量一定要准确。

技能训练6　蛋白质的性质实验

一、实验目的

1. 了解构成蛋白质的基本结构单位及主要连接方式。
2. 了解蛋白质和某些氨基酸的呈色反应原理。
3. 学习几种常用的鉴定蛋白质和氨基酸的方法。

二、呈色反应

（一）双缩脲反应

1. 实验原理

尿素加热至180℃左右，生成双缩脲并放出一分子氨。双缩脲在碱性环境中能与 Cu^{2+} 结合生成紫红色化合物，此反应称为双缩脲反应。蛋白质分子中有肽键，其结构与双缩脲相似，也能发生此反应，该化合物颜色的深浅与蛋白质浓度成正比，可用于蛋白质的定性或定量测定。反应如下：

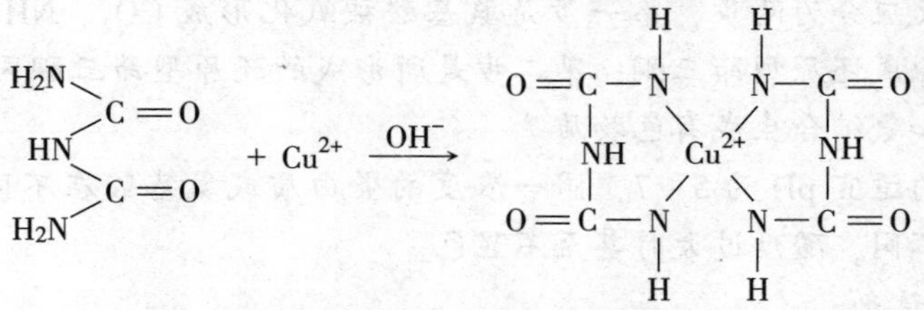

双缩脲反应不仅为含有两个以上肽键的物质所有。含有一个肽键和一个 $-CS-NH_2$，$-CH_2-NH_2$，$-CRH-NH_2$，$-CH_2-NH_2-CHNH_2-CH_2OH$ 或 $CHOHCH_2NH_2$ 等基团的物质，以及乙二酰二胺等物质也有此反应。NH_3 也干扰此反应，因为 NH_3 与 Cu^{2+} 可生成暗蓝色的络合离子 $Cu(NH_3)_4^{2+}$。

因此，一切蛋白质或二肽以上的多肽都有双缩脲反应，但有双缩脲反应的物质不一定都是蛋白质或多肽。

2. 实验试剂

（1）尿素。

（2）10% 氢氧化钠溶液。

（3）1% 硫酸铜溶液。

（4）2% 卵清蛋白溶液　取 5mL 鸡蛋清，用蒸馏水稀释至 100mL，搅拌均匀后用 4~8 层纱布过滤，新鲜配制。

3. 操作

取少量尿素结晶，放在干燥试管中，用微火加热使尿素熔化。熔化的尿素开始硬化时，停止加热，尿素放出氨，形成双缩脲。冷后，加 10% 氢氧化钠溶液约 1mL，振荡混匀，再加 1% 硫酸铜溶液 1 滴，再振荡。观察出现的粉红颜色。

要避免添加过量硫酸铜，否则，生成的蓝色氢氧化铜能掩盖粉红色。向另一试管加卵清蛋白溶液约 1mL 和 10% 氢氧化钠溶液约 2mL，摇匀，再加 1% 硫酸铜溶液 2 滴，随加随摇。观察玫瑰紫色的出现。

（二）茚三酮反应

1. 实验原理

除脯氨酸、羟脯氨酸和茚三酮反应产生黄色物质外，所有氨基酸及具有游离 α – 氨基和 α – 羧基的肽与茚三酮反应都产生蓝紫色物质。

β – 丙氨酸、氨和许多一级胺都能与茚三酮呈类似反应，尿素、马尿酸、二酮吡嗪和肽键上的亚氨基不呈现此反应。因此，虽然蛋白质和氨基酸均有茚三酮反应，但能与茚三酮呈阳性反应的不一定就是蛋白质或氨基酸。在定性、定量测定中，应严防干扰物质存在。该反应十分灵敏，1:1500000 浓度的氨基酸水溶液即能给出反应，是一种常用的氨基酸定量测定方法。

茚三酮反应分为两步，第一步是氨基酸被氧化形成 CO_2、NH_3 和醛，水合茚三酮被还原成还原型茚三酮；第二步是所形成的还原型茚三酮同另一个水合茚三酮分子和氨缩合生成有色物质。

此反应的适宜 pH 为 5~7，同一浓度的蛋白质或氨基酸在不同 pH 条件下的颜色深浅不同，酸度过大时甚至不显色。

2. 实验试剂

（1）蛋白质溶液　同双缩脲，2% 卵清蛋白或新鲜鸡蛋清溶液（蛋清：水 =1:9）。

（2）0.5% 甘氨酸溶液。

（3）0.1% 茚三酮水溶液。

（4）0.1% 茚三酮乙醇溶液　0.1g 茚三酮溶于 100mL 乙醇。

3. 实验步骤

（1）取 2 支试管分别加入蛋白质溶液和甘氨酸溶液 1mL，再各加 0.5mL 0.1% 茚三酮水溶液，混匀，在沸水浴中加热 1~2min，观察颜色由粉色变紫色再变蓝。

（2）在一小块滤纸上滴一滴 0.5% 甘氨酸溶液，风干后，再在原处滴一滴 0.1% 茚三酮乙醇溶液，在微火旁烘干显色，观察紫红色斑点的出现。

（三）黄色反应

1. 实验原理

含有苯环结构的氨基酸，如酪氨酸和色氨酸，遇硝酸后，可被硝化成黄色物质，该化合物在碱性溶液中进一步形成深橙色的硝醌酸钠。

多数蛋白质分子含有带苯环的氨基酸，所以有黄色反应，苯丙氨酸不易硝化，需加入少量浓硫酸才有黄色反应。

2. 实验试剂

（1）鸡蛋清溶液 100mL，将新鲜鸡蛋的蛋清与水按1∶20混匀，然后用6层纱布过滤。

（2）头发。

（3）指甲。

（4）0.5%苯酚溶液 50mL。

（5）浓硝酸 200mL。

（6）0.3%色氨酸溶液 10mL。

（7）0.3%酪氨酸溶液 10mL。

（8）10%氢氧化钠溶液 100mL。

3. 实验步骤

向7个试管中分别按表1加入试剂，观察各管出现的现象，有的试管反应慢可略放置或用微火加热。待各管出现黄色后，于室温下逐滴加入10%氢氧化钠溶液至碱性，观察颜色变化。

表1 黄色反应试剂与现象表

管 号	1	2	3	4	5	6
材料	鸡蛋清溶液 4	指甲少许	头发少许	0.5%苯酚 4	0.3%色氨酸 4	0.3%酪氨酸 4
浓硝酸/滴	2	40	40	4	4	4
现象						
加入NaOH后的现象						

（四）考马斯亮蓝反应

1. 实验原理

考马斯亮蓝G250具有红色和蓝色两种色调。在酸性溶液中，其以游离形式存在呈棕红色；当它与蛋白质通过疏水作用结合后变为蓝色。

它染色灵敏度高，比氨基黑高3倍。反应速度快，约在2min达到平衡，在室温1h内稳定。在0.01～1.0mg蛋白质范围内，蛋白质浓度与A_{595nm}值成正比。所以常用来测定蛋白质含量。

2. 实验试剂

（1）蛋白质溶液（鸡蛋清∶水=1∶20） 5mL。

（2）考马斯亮蓝染液 300mL。

考马斯亮蓝 G250 100mg 溶于 50mL 95% 乙醇中，加 100mL 85% 磷酸混匀，配成原液。临用前取原液 15mL，加蒸馏水至 100mL，用粗滤纸过滤后，最终浓度为 0.01% 。

3. 实验步骤

取 2 支试管，按表 2 操作。

表 2　考马斯亮蓝反应试剂用量

管号	试剂		
	蛋白质溶液/mL	蒸馏水/mL	考马斯蓝染液/mL
1	0	1	5
2	0.1	0.9	5

观察颜色变化。

模块三　脂类及其分解代谢

模块描述

　　脂肪一类物质也是白酒生产原料中生物大分子成分之一，在白酒生产中，脂肪一类物质经过降解和转化，可以进一步形成白酒香味成分乙酸乙酯等物质。

知识目标

　　1. 了解脂类的概念，掌握脂类特征、分类和生物学意义。

　　2. 识记脂肪的组成及其性质，熟悉脂类品质评价方法。

　　3. 熟悉常见脂类及其特性。

　　4. 熟悉脂肪降解，了解脂肪酸氧化途径，理解脂类降解和糖代谢之间的关联性。

　　5. 具备脂肪提取基础能力。

课题一　脂类概述

　　脂类是生物细胞和组织中不溶于水，能溶于有机溶剂（如氯仿、乙醚、丙酮、苯等）的重要有机化合物。

一、脂类

（一）脂类概念和特征

　　脂类是由脂肪酸与醇作用生成的酯及其衍生物，统称为脂质或脂类，是生物体的重要组成成分。脂类是广泛存在于自然界的一大类物质，它们的化学组成、结构理化性质以及生物功能存在着很大的差异，但它们都有一个共同的特性，即可用非极性有机溶剂从细胞和组织中提取出来。元素组成主要为 C、H、O 三种。

脂类具有共同特征，第一，脂类溶于水而易溶于乙醚等非极性的有机溶剂；第二，脂类都具有酯的结构，或与脂肪酸有成酯的可能；第三，都是生物体产生，并能为生物体所利用。

生物体内的脂见图 3-1。

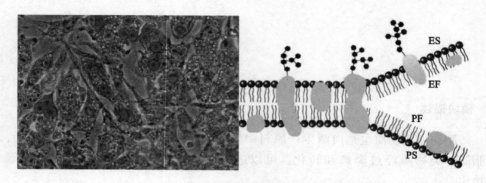

图 3-1　生物体内的脂

（二）脂类的分类

一般将脂类分为脂肪与类脂两大类。

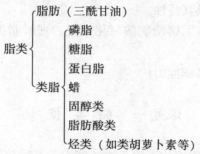

从化学组成角度，又可将脂类细分为简单脂、复合脂和衍生脂。

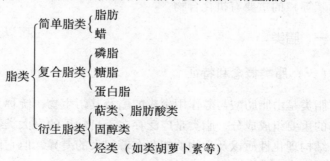

（三）脂类的生物学意义

脂类是生物能量的主要储存形式，对生物体具有保护作用，是构成生物膜的基本组成成分，是生物细胞内重要的生理活性物质。

二、脂肪及其性质

（一）脂肪

脂肪结构见图 3 – 2。

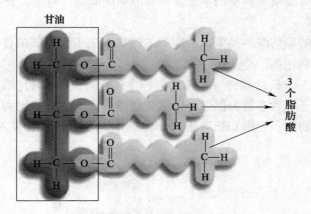

图 3 – 2 脂肪结构

从化学结构上看，脂肪是由甘油和脂肪酸结合成的酯，即甘油三个羟基和三个脂肪酸分子的羧基脱水缩合而成的酯，学名为三酰甘油，也称为真脂或中性脂肪。脂肪通式如下：

$$R_2-\overset{O}{\overset{\|}{C}}-O \quad \begin{matrix} H_2C-O-\overset{O}{\overset{\|}{C}}-R_1 \\ CH \\ H_2C-O-\overset{O}{\overset{\|}{C}}-R_3 \end{matrix}$$

R_1、R_2、R_3 为脂肪酸的烃链，它们可以相同，也可以不同。相同的称为单纯甘油酯，不同的则称为混合甘油酯。

$$\begin{matrix} CH_2OH & HOOC-R_1 \\ HC-OH & + & HOOC-R_2 \\ CH_2OH & HOOC-R_3 \end{matrix} \longrightarrow R_2-COOC^{\beta}-H \begin{matrix} C^{\alpha}H_2-OOCR_1 \\ \\ C^{\alpha}H_2-OOCR_3 \end{matrix}$$

R_1、R_2、R_3 可以相同，也可不全同甚至完全不同。

1. 甘油

甘油学名是丙三醇，是最简单的一种三元醇，它是多种脂类的固定构成成分。

$$
\begin{array}{c}
\text{H}\quad\text{H}\quad\text{H} \\
|\quad\ |\quad\ | \\
\text{H--C--C--C--H} \\
|\quad\ |\quad\ | \\
\text{O}\quad\text{O}\quad\text{O} \\
|\quad\ |\quad\ | \\
\text{H}\quad\text{H}\quad\text{H}
\end{array}
$$
甘油

甘油食用可分解果酒中的单宁，提升酒品的品质、口感，去除苦、涩味。

2. 脂肪酸

构成脂肪的脂肪酸种类繁多，脂肪的性质取决于脂肪酸的种类及其在三酰甘油中的含量和比例。

脂肪酸是一条长的烃链（—R）和一个羧基（—COOH）组成的羧酸。天然脂肪酸碳原子数大多数为偶数，依据其烃链上是否含有双键而分为饱和脂肪酸和不饱和脂肪酸，不饱和脂肪酸又分为单不饱和脂肪酸和多不饱和脂肪酸，见表4-1。

$$
\text{脂肪}\left(\text{三酰甘油}\right)
\begin{cases}
\text{甘油} \\
\text{脂肪酸}
\begin{cases}
\text{饱和脂肪酸} \\
\text{不饱和脂肪酸}
\begin{cases}
\text{单} \\
\text{多}
\end{cases}
\end{cases}
\end{cases}
$$

饱和脂肪酸和单不饱和脂肪酸摄入过多，会引起身体内胆固醇增高、血压高、冠心病、糖尿病、肥胖症等疾病；多不饱和脂肪酸可以降低血脂，防止血液凝聚。当这三种脂肪酸的吸收量达到1:1:1的比例时，营养才能达到均衡，身体才能更健康。

常见重要脂肪酸见表3-1。

表3-1 常见重要脂肪酸

类型	俗名	缩写符号	分子式	熔点/℃
饱和脂肪酸	月桂酸	12:0	$C_{11}H_{23}COOH$	44
	豆蔻酸	14:0	$C_{13}H_{27}COOH$	54
	软脂酸	16:0	$C_{15}H_{31}COOH$	63
	硬脂酸	18:0	$C_{17}H_{35}COOH$	70
	花生酸	20:0	$C_{19}H_{39}COOH$	76.5

续表

类型	俗名	缩写符号	分子式	熔点/℃
不饱和脂肪酸	油酸	$18:1^{\triangle 9}$	$CH_3（CH_2）_7CH=CH（CH_2）_7COOH$	13.4
	亚油酸	$18:2^{\triangle 9,12}$	$CH_3（CH_2）_4CH=CHCH_2CH=CH（CH_2）_7COOH$	5
	亚麻酸	$18:3^{\triangle 9,12,15}$	$CH_3CH_2CH=CHCH_2CH=CHCH_2CH=\\CH（CH_2）_7COOH$	11
	花生四烯酸	$20:4^{\triangle 5,8,11,14}$	$CH_3（CH_2）_4CH=CHCH_2CH=CHCH_2CH=\\CHCH_2CH=CH（CH_2）_3COOH$	50

陆地上植物脂肪中多数为 C16 – C18 的脂肪酸，尤以 C18 脂肪酸最多。其中，植物中主要脂肪酸是软脂酸、油酸，并往往含有亚油酸。种子中一般以软脂酸、油酸、亚油酸及（或）亚麻酸为主要脂肪酸。高等陆生动物脂肪中的脂肪酸主要是软脂酸、油酸，并往往含有硬脂酸。许多动物的乳中含有相当多的短链脂肪酸（C4 – C10）。

人体能合成大多数脂肪酸，只有亚油酸、亚麻酸、花生四烯酸等的不饱和脂肪酸在人体内不能合成，必须由食物供给，故称必需脂肪酸。

脂肪为无色、无味、无臭的稠状液体或蜡状固体。常温下含不饱和脂肪酸多的甘油酯为液态，称为油；含不饱和脂肪酸少的甘油酯呈固态，称为脂，总称为油脂。自然界中，植物油含不饱和脂肪酸比动物油多，因此在常温下植物油为液态，动物油为固态。

食品生产上常提到反式脂肪酸，反式脂肪酸是指植物油加氢可将顺式不饱和脂肪酸转变成室温下更稳定的固态反式脂肪酸。利用这个过程可用于生产人造黄油，也可增加产品货架期和稳定食品风味。

（二）脂肪和脂肪酸的性质

1. 物理性质

纯净的脂肪酸及其油脂都是无色的、无气味的。天然油脂的色泽来源于非脂色素，如类胡萝卜素。天然油脂的气味除了极少数由短链脂肪酸挥发所致外，多数是由其中溶有非脂成分引起的，如椰子油的香气主要由于含有壬基甲酮。

脂肪是混合物，所以没有确切的熔点和沸点。油脂密度低于水，而且不溶于水，易溶于乙醚、氯仿等有机溶剂，油脂含不饱和酸越多，碳原子数目越少，熔点越低，但碳链长度相同的脂肪沸点相近。

几种油脂的熔点范围：大豆油（ – 8 ~ 18℃）、花生油（0 ~ 3℃）、向日葵油（-16~19℃）、棉籽油（3~4℃）。

油脂的熔点与消化率有关，一般油脂的熔点低于37℃时，其消化率可达到97.98%；熔点在37~50℃时，其消化率可达到90%；熔点超过50℃则难以消化。

脂肪及脂肪酸的沸点都比较高，一般在180~200℃。在常压下蒸馏时要发生分解，故只能在减压下蒸馏。

脂肪相对密度比水轻，折光率随分子质量和不饱和度的增加而增大。奶油等含低饱和度酸多的油，折光率就低，而亚麻油等不饱和酸含量多的油，折光率就高，在制造硬化油（人造奶油）加氢时，可以根据折光率的下降情况来判断加氢的程度。所以，折光法也可用于鉴定油脂的类别、纯度和酸败程度。

折光率测定仪见图3-3。

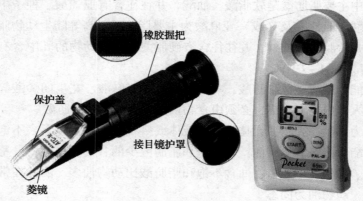

图3-3　折光率测定仪

2. 化学性质

（1）水解与皂化　脂肪在酸或酶及加热条件下水解为脂肪酸及甘油。

$$\begin{array}{c}CH_2\!-\!OOCR \\ | \\ CH\!-\!OOCR \\ | \\ CH_2\!-\!OOCR\end{array} + 3H_2O \xrightarrow[\text{（或酸、蒸汽）}]{\text{脂酶}} \begin{array}{c}CH_2\!-\!OH \\ | \\ CH\!-\!OH \\ | \\ CH_2\!-\!OH\end{array} + 3R\!-\!COOH$$

脂肪在碱性条件下水解出的游离脂肪酸与碱结合生成脂肪酸盐，习惯上称为肥皂。因此，脂肪在碱性溶液中的水解称为皂化作用。

$$\begin{array}{c}CH_2\!-\!OOCR \\ | \\ CH\!-\!OOCR \\ | \\ CH_2\!-\!OOCR\end{array} + 3NaOH \xrightarrow{\triangle} \begin{array}{c}CH_2\!-\!OH \\ | \\ CH\!-\!OH \\ | \\ CH_2\!-\!OH\end{array} + 3R\!-\!COONa$$

脂肪　　　　　　　　　　甘油　脂肪酸盐（皂）

（2）加成反应　脂肪中不饱和脂肪酸的双键非常活泼，能起加成反应。其主要反应有氢化和卤化两种。

氢化是指脂肪中不饱和脂肪酸在催化剂（如铂）存在下在不饱和键上加氢的反应，氢化后的油脂称为氢化油或硬化油。

油脂氢化具有重要的工业意义，氢化油双键减少，熔点上升，不易酸败，且氢化后便于储藏和运输。此外氢化还可以改变油脂的性质，如猪油进行氢化后，可以改善稠度和稳定性。但油脂氢化过程中脂溶性维生素被破坏，长期摄取含氢化油丰富的食物对健康不利。

$$
\begin{array}{l}
CH_2-OOCC_{17}H_{33} \\
| \\
CH-OOCC_{17}H_{33} \\
| \\
CH_2-OOCC_{17}H_{33}
\end{array}
+ 3H_2 \xrightarrow[250℃]{Ni}
\begin{array}{l}
CH_2-OOCC_{17}H_{35} \\
| \\
CH-OOCC_{17}H_{35} \\
| \\
CH_2-OOCC_{17}H_{35}
\end{array}
$$

　　　　三油酸甘油酯　　　　　　　　　　三硬脂酸甘油酯

脂肪的卤化是指油脂加卤得到卤代脂肪酸，如脂肪可与碘起卤化反应。

$$
-CH=CH- + ICl \longrightarrow
\begin{array}{l}
-CH-CH- \\
\ \ | \ \ \ \ | \\
\ \ I \ \ \ \ Cl
\end{array}
$$

$$
ICl（实际用量）+ KI \longrightarrow I_2 + KCl
$$

（3）油脂酸败　油脂暴露于空气中会自发地进行氧化作用，先生成氢过氧化物，氢过氧化物继而分解产生低级醛、酮、羧酸等。这些物质具有令人不愉快的气味，从而使油脂发生酸败。发生酸败的油脂丧失了营养价值，甚至变得有毒。

引起酸败的原因：

一是由于油脂中的不饱和脂肪酸的双键被空气中的氧所氧化，生成低分子醛和酸的复杂混合物，这些物质带有难闻的气味，氧化速率快慢受到光、温度等因素的影响。一般说来，油脂的不饱和程度越大，酸败过程就越快。

二是由于微生物作用的结果。微生物首先使甘油酯水解为甘油及游离脂肪酸，游离的脂肪酸再受微生物的进一步作用，经脱羧形成低级酮或者分解成低级羧酸。

油脂酸败产生的低级酮、醛、酸等化合物，不但气味使人厌恶，而且氧化过程中产生的过氧化物能使一些脂溶性维生素破坏。种子如果贮藏不当，其中的油脂酸败后，种子也会失去发芽能力。

（4）干化作用　有些植物油（如桐油、亚麻油）在空气中放置，表面能生成一层坚韧且富有弹性的薄膜，这种现象称为油脂的干化作用。具有干化性能的油称为干性油，没有干化性能的油为非干性油，介于二者之间的为半干性油。

如果组成油脂的脂肪酸中含有较多的共轭双键，油的干性就好。桐油中含桐油酸，是最好的干性油，不但干化快，而且形成的薄膜韧性好，可耐冷、热和潮湿，在工业上有重要价值。

（5）油脂的品质特征常数

① 皂化值：1g 油脂完全皂化时所需要的氢氧化钾的毫克数称为皂化值。

皂化值的大小与油脂平均分子质量成反比，油脂的皂化值一般都在 200 左右。组成油脂的脂肪酸分子质量愈小，油脂的皂化值愈大。

肥皂工业根据油脂的皂化值的大小，可以确定合理的用碱量和配方；皂化值较大的食用油脂，熔点则较低，消化率则较高。

皂化 1g 油脂所需要的氢氧化钾的毫克数称为皂化值。每种油脂都有一定的皂化值。根据皂化值的大小，可以计算油脂的平均相对分子质量。

$$平均相对分子质量 = \frac{3 \times 56 \times 10^3}{皂化值}$$

式中 56 为 KOH 的相对分子质量，因为三酰甘油中含三个脂肪酸，所以乘以 3。

由上式可知，皂化值越大，油脂平均相对分子质量越小。

皂化值是检验油脂质量的重要常数之一。不纯的油脂其皂化值较低，这是由于油脂中含有较多不能被皂化的杂质的缘故。皂化 1g 油脂中甘油酯所需要的氢氧化钾的毫克数称为酯值。油脂中不含游离脂肪酸时，油脂的酯值与皂化值应该相等。

② 酯值：皂化 1g 油脂中甘油酯所需要的氢氧化钾的毫克数称为酯值。油脂中不含游离脂肪酸时，油脂的酯值与皂化值应该相等。

酯值是反映油脂中甘油酯含量的，同时也说明游离脂肪酸存在的情况。一般从油脂的皂化值中减去其酸价的氢氧化钾的数量，就是该油脂的酯值。

③ 碘值：100g 油脂与碘起反应时所需碘的克数，称为碘值。油脂的碘值越大，其成分中脂肪酸不饱和程度越高。

通过油脂的碘值可以判断油脂中脂肪酸的不饱和程度。碘值大的油脂，说明油脂组成中不饱和脂肪酸含量高或不饱和程度高。碘值下降，说明双键减少，油脂发生了氧化。由于碘和碳碳双键的加成反应较慢，实际测定中，常用溴化碘或氯化碘的冰醋酸溶液作试剂，因为其中的溴原子或氯原子能使碘活化，加快反应速度。反应完毕后，由被吸收的氯化碘的量换算成碘，即为油脂的碘值。

根据碘值的大小可以把油脂分为干性油（碘值在 180 ~ 190）、半干性油（碘值在 100 ~ 120）、不干性油（碘值小于 100）三类。

④ 酸价：中和 1g 油脂中游离脂肪酸所需的氢氧化钾毫克数。酸价表示油脂中游离脂肪酸的数量。

新鲜油脂的酸价很小，随着贮存期的延长和油脂酸败情况恶化，其酸价随之增大。油脂中游离脂肪酸含量增加，可直接说明油脂的新鲜度和质量的下降。所以酸价是检验油脂质量的重要指标。

根据目前我国食品卫生国家标准规定：食用植物油的酸价不得超过 5。过氧化值是指滴定 1g 油脂所需要的硫代硫酸钠标准溶液的毫升数或用碘的百分比含量表示。

⑤ 过氧化值：用于衡量油脂氧化初期的氧化程度。油脂在氧化酸败后产生的过氧化物与碘化氢作用分离出来碘，再用硫代硫酸钠标准溶液滴定游离出来的碘，根据硫代硫酸钠的消耗数量即可计算油脂的过氧化值。

我国食品国家标准中对食用植物油脂的过氧化值规定不得超过 0.15%。

三、类脂

类脂主要是指在结构或性质上与脂肪相似的天然化合物。其结构除含脂肪酸和醇外，尚有其他称为非脂分子的成分。类脂种类很多，主要分为磷脂、鞘脂、糖脂、类固醇及固醇、脂蛋白 5 大类。

磷脂是含有磷酸、脂肪酸和氮的化合物。

鞘脂是含有磷酸、脂肪酸、胆碱和氨基醇的化合物。

糖脂是含有碳水化合物、脂肪酸和氨基醇的化合物。

类固醇及固醇都是相对分子质量很大的化合物，如动植物组织中的胆固醇和植物组织中的谷固醇。

脂蛋白是脂类与蛋白质的结合物。

1. 磷脂

磷脂是指含有磷酸的脂类，它是由两分子脂肪酸和一分子磷酸或取代磷酸与甘油缩合成的复合类脂。磷脂天然存在于人体所有细胞和组织中，也存在于植物蛋白、种子和根茎中。磷脂组成生物膜的主要成分，分为甘油磷脂与鞘磷脂两大类，分别由甘油和鞘氨醇构成。磷脂为两性分子，一端为亲水的含氮或磷的头，另一端为疏水（亲油）的长烃基链。由于此原因，磷脂分子亲水端相互靠近，疏水端相互靠近，常与蛋白质、糖脂、胆固醇等其他分子共同构成脂双分子层，即细胞膜的结构。

R，R′ – 二脂肪酸碳氢键

（1）磷酸甘油酯　磷酸甘油酯主链为 3 - 磷酸 - 甘油，甘油分子中的另外两个羟基都被脂肪酸所酯化，磷酸基团又可被各种结构不同的小分子化合物酯化后形成各种磷酸甘油酯。生物体内含量较多的是磷脂酰胆碱（卵磷脂）、磷脂酰乙醇胺（脑磷脂、磷脂酰甘油）等。

$$
\begin{array}{c}
\qquad\qquad\qquad O \\
\qquad\qquad\qquad \| \\
\quad O \quad CH_2-O-C-R_1 \\
\quad \| \quad\quad\quad | \\
R_2-C-O-CH \quad O^- \\
\qquad\quad | \quad\quad | \\
\quad CH_2-O-P-O-X \\
\qquad\qquad\quad \| \\
\qquad\qquad\quad O \\
\qquad\qquad\qquad \vdots
\end{array}
$$

磷脂酸　　　　　　　　氨基醇或肌醇

卵磷脂是由磷脂酸与胆碱结合而成。根据磷脂酸及胆碱在卵磷脂分子中的位置不同可分为 α - 及 β - 两种结构，天然的卵磷脂都是成 α - 型的。

（2）鞘磷脂　鞘磷脂是含鞘氨醇或二氢鞘氨醇的磷脂，其分子不含甘油，是一分子脂肪酸以酰胺键与鞘氨醇的氨基相连。鞘氨醇或二氢鞘氨醇是具有脂肪族长链的氨基二元醇。鞘氨醇或二氢鞘氨醇有长链脂肪烃基构成的疏水尾和两个羟基及一个氨基构成的极性头。

$$
\begin{array}{c}
CH_3(CH_2)_{12}CH=CH-CHOH \\
\quad\qquad\qquad\qquad\quad | \\
R-C-NH-CH \\
\quad \| \qquad\quad | \\
\quad O \qquad CH_2-O-P-O-CH_2CH_2\overset{+}{N}(CH_3)_3 \\
\qquad\qquad\qquad\quad | \\
\qquad\qquad\qquad OH
\end{array}
$$

2. 固醇

固醇是脂类中不被皂化，常温下呈固态的一大类化合物。固醇化合物广泛分布于动植物体中，有游离固醇和固醇酯两种形式。动物固醇以胆固醇为代表，植物固醇以麦角固醇为代表。

胆固醇是维持人体生理功能不可缺少的物质，它是构成细胞膜的重要成分。胆固醇作为胆汁的组成成分，经胆道排入肠腔，可帮助脂类的消化和吸收。胆固醇的衍生物 7 - 脱氢胆固醇经太阳光中的紫外线照射后能转化为维生素 D_3，这是人体获得维生素 D 的一条重要途径。但是，胆固醇可在人的胆道中沉积形成结石，并在血管壁上沉积，引起动脉硬化。因此，对需要摄取低胆固醇食品者应该注意膳食组成中胆固醇的含量。

麦角固醇是酵母及菌类的主要固醇，最初从麦角（麦及谷类因患麦角菌病而产生的物质）分出，因此得名。麦角固醇的性质与胆固醇相似，经紫外线照射后可变成维生素 D_2。

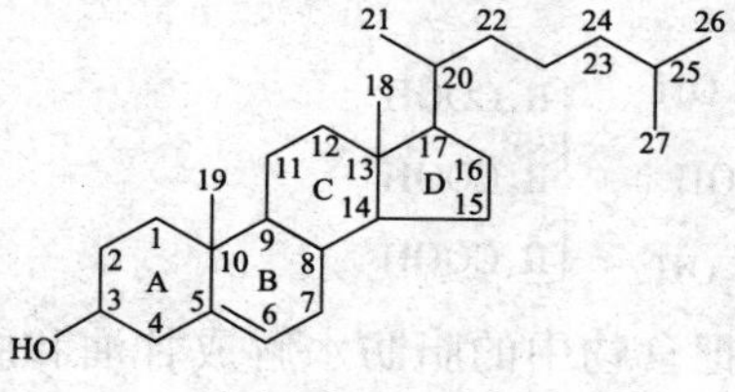

胆固醇 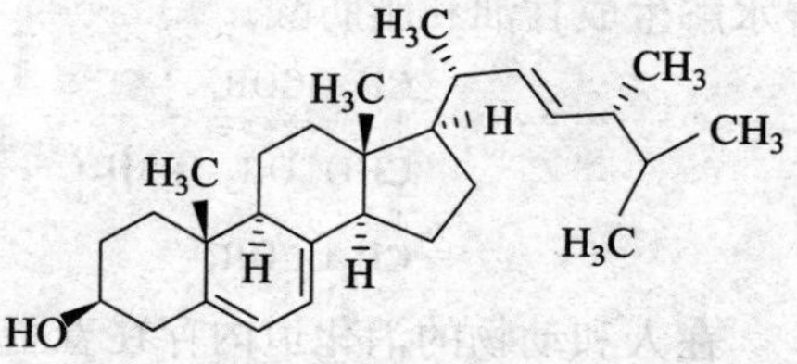　　　　　　　　　　　　　　麦角固醇

3. 蜡

蜡是高级脂肪酸与高级一元醇所生成的酯。不溶于水，熔点较脂肪高，一般为固体，溶于醚、苯、三氯甲烷等有机溶剂。在人及动物消化道中不能被消化，故无营养价值。蜡在动物体内存在于分泌物中，主要起保护作用。蜂巢、昆虫卵壳毛皮、植物叶、果实表面及昆虫表皮均含有蜡层。我国出产的蜡主要为蜂蜡、虫蜡和羊毛蜡，是经济价值较高的农业副产品。

四、白酒原料中的脂类

脂类物质普遍存在于酿酒生产原料中，虽然含量较少，但在酿酒生产中经过降解转化，会参与形成乙酸乙酯等白酒风味物质。

白酒生产原料中粗脂肪含量见表3-2。

表3-2　白酒生产原料中粗脂肪含量　　　　　　　单位:%

名　　　称	粗脂肪
高粱	24.3
大米	0.10.3
糯米	1.42.5
小麦	2.52.9
玉米	2.75.3
薯干	0.62.3
马铃薯干	0.4
木薯干	0.826

课题二　脂肪的分解代谢

一、脂肪的降解

（一）脂肪的酶促水解

在动物、植物和微生物体内广泛存在着脂肪酶。脂肪在脂肪酶的作用下逐步水解生成甘油和脂肪酸。

$$\begin{array}{c} CH_2OCOR_1 \\ | \\ CHOCOR_2 \\ | \\ CH_2OCOR_3 \end{array} + 3H_2O \xrightarrow{\text{脂肪酶}} \begin{array}{c} CH_2OH \\ | \\ CHOH \\ | \\ CH_2OH \end{array} + \left\{ \begin{array}{c} R_1COOH \\ R_2COOH \\ R_3COOH \end{array} \right.$$

在人和动物的消化道内存在着脂肪酶，它把食物中的脂肪水解成甘油和脂肪酸的过程称为脂肪的消化。油料作物种子发芽时，贮藏在种子内的脂肪在脂肪酶的作用下也发生上述水解。

（二）甘油的氧化分解与转化

脂肪水解生成的甘油，可进一步氧化分解。其过程是：甘油在甘油激酶的作用下，利用 ATP 供给的磷酸根生成 α – 磷酸甘油，经磷酸甘油脱氢酶的作用，生成磷酸二羟丙酮。磷酸二羟丙酮是糖酵解途径的一个中间产物，可沿酵解途径生成丙酮酸，丙酮酸氧化脱羧进入三羧酸循环，彻底氧化成 CO_2 和 H_2O，同时释放能量。1mol 甘油彻底氧化分解，可净生成 22mol ATP。

$$\begin{array}{c} CH_2OH \\ | \\ HO—CH \\ | \\ CH_2OH \end{array} \xrightarrow[\text{甘油激酶}]{ATP \quad ADP} \begin{array}{c} CH_2OH \\ | \\ CHOH \\ | \\ CH_2O-\textcircled{P} \end{array} \xrightarrow[\text{磷酸甘油脱氢酶}]{NAD^+ \quad NADH+H^+} \begin{array}{c} CH_2OH \\ | \\ C=O \\ | \\ CH_2O-\textcircled{P} \end{array}$$

甘油 　　　　　　　α – 磷酸甘油 　　　　　　磷酸二羟丙酮

$$CO_2+H_2O \xleftarrow{\text{TCA循环}} \text{丙酮酸} \leftarrow \qquad \downarrow$$
$$\text{糖}$$

二、脂肪酸的氧化分解

生物体内的脂肪酸有饱和脂肪酸和不饱和脂肪酸之分，它们有着不同的氧化分解方式。下面仅介绍饱和脂肪酸的 β – 氧化作用，它是生物体普遍存在的最主要的方式。

（一）β – 氧化作用的概念

实验表明，β – 氧化作用是指脂肪酸降解时从 α – 碳原子与 β – 碳原子之间断裂，同时 β – 碳原子被氧化成羧基，从而生成乙酰 CoA 和比原来少两个碳原子的脂酰 CoA 的过程。

脂肪酸的 β – 氧化作用主要发生在线粒体中，植物和微生物体中的乙醛酸循环体，也能进行脂肪酸的 β – 氧化。

(二) 脂肪酸通过 β – 氧化作用彻底分解的过程

脂肪酸通过 β – 氧化作用可完全降解乙酰 CoA，然后乙酰 CoA 再进入三羧酸循环彻底氧化成 CO_2 和 H_2O，并产生大量能量。为便于理解，将其过程分为四个阶段：

1. 脂肪酸的活化

脂肪酸的化学性质较稳定，氧化分解前需先转变成活泼的脂酰 CoA，此过程称为活化。脂肪酸的活化在线粒体外的胞液中进行。即脂肪酸在脂酰 CoA 合成酶的催化下，与辅酶 A 结合生成含高能硫脂键的脂酰 CoA。

$$RCH_2CH_2CH_2\overset{O}{\overset{\|}{C}}OH + ATP + HS - CoA \longrightarrow RCH_2CH_2CH_2\overset{O}{\overset{\|}{C}} - SCoA + AMP + PP_i$$

$$\text{脂肪酸} \qquad\qquad\qquad\qquad\qquad \text{脂酰辅酶 A}$$

每活化 1mol 脂肪酸消耗 2mol 高能键，相当于消耗 2mol ATP。

2. 脂酰 CoA 的转运

脂酰 CoA 氧化分解的酶都存在于线粒体基质内。活化的脂酰 CoA 自身不能穿过线粒体内膜进入线粒体内，需靠一定载体来运载，这种载体就是肉毒碱。其转运过程是：在线粒体内膜的外侧，在肉毒碱脂酰转移酶 I 的催化下，脂酰 CoA 与肉毒碱形成脂酰肉毒碱，脂酰肉毒碱转移到线粒体内膜的内侧，再经肉毒碱脂酰转移酶 II 催化，将脂酰基运至线粒体基质中。

脂酰 CoA 进入线粒体基质示意图见图 3 – 4。

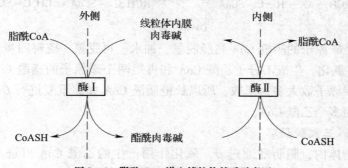

图 3 – 4　脂酰 CoA 进入线粒体基质示意图

3. 脂酰 CoA 的 β – 氧化降解

脂酰 CoA 进入线粒体基质后，通过 β – 氧化作用逐步降解为乙酰 CoA。脂酰 CoA 每进行一次 β – 氧化要经过脱氢、加水、再脱氢、硫解四步反应，从而生成 1 分子乙酰 CoA 和短两个碳原子的脂酰 CoA，具体如下。

（1）脱氢　进入线粒体的脂酰 CoA，经脂酰 CoA 脱氢酶催化，其 α – 碳原子和 β – 碳原子各脱去一个氢原子，生成反式的 α, β – 烯脂酰 CoA。这一反应需要 FAD 作为氢的受体。

$$RCH_2CH_2CH_2C \sim SCoA \xrightarrow[\text{FAD} \quad \text{FADH}_2]{\text{脂酰 CoA 脱氢酶}} RCH_2 \overset{H}{\underset{H}{C}}=C-C \sim SCoA$$

（2）水化　在水化酶催化下，使 α，β – 烯脂酰 CoA 经过烯脂酰 CoA 水化酶的催化，加水生成 β – 羟脂酰 CoA。

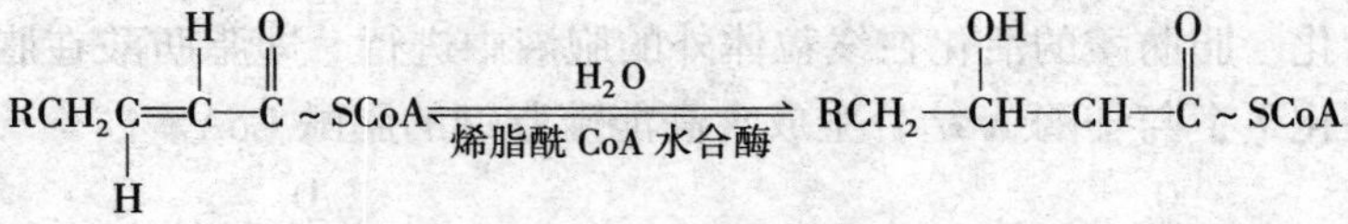

$$RCH_2\overset{H}{\underset{H}{C}}=C-C \sim SCoA \xleftrightarrow[\text{烯脂酰 CoA 水合酶}]{\text{H}_2\text{O}} RCH_2-CH-CH-C \sim SCoA$$

（3）再脱氢　β – 羟脂酰 CoA 在羟脂酰 CoA 脱氢酶的催化，β 位脱去两个氢原子变成 β – 酮脂酰 CoA。脱去氢的受体为 NAD^+。

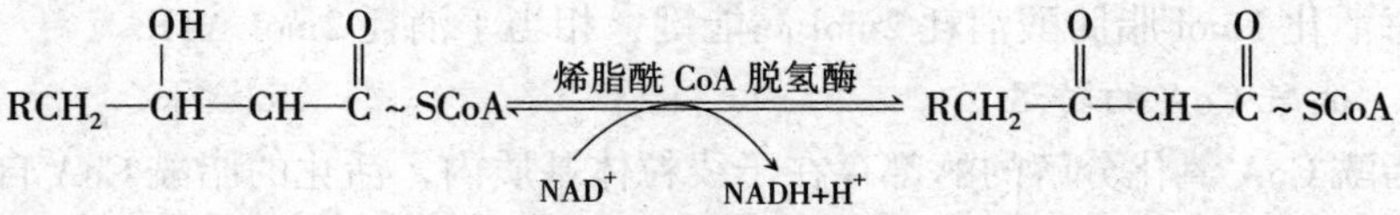

$$RCH_2-CH-CH-C \sim SCoA \xleftrightarrow[\text{NAD}^+ \quad \text{NADH+H}^+]{\text{烯脂酰 CoA 脱氢酶}} RCH_2-C-CH-C \sim SCoA$$

（4）硫解　β – 酮脂酰 CoA 在硫解酶作用下，由 1 分子 HSCoA 参与，α 与 β – 碳原子间断裂，切去两个碳原子，生成 1 分子乙酰 CoA 和比原来短两个碳原子的脂酰 CoA。

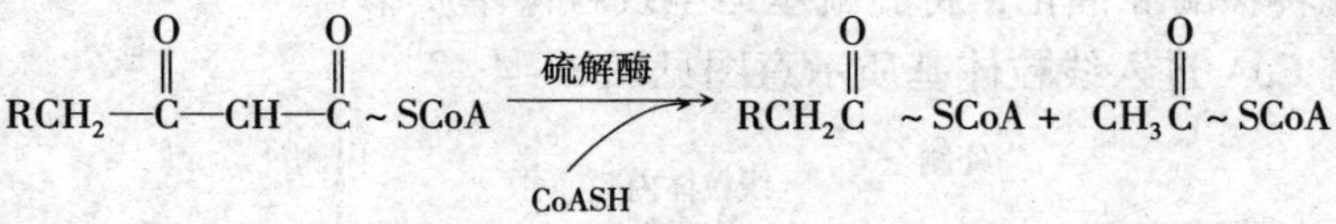

$$RCH_2-C-CH-C \sim SCoA \xrightarrow[\text{CoASH}]{\text{硫解酶}} RCH_2C \sim SCoA + CH_3C \sim SCoA$$

短两个碳原子的脂酰 CoA 再经脱氢、加水、再脱氢、硫解四步反应进行又一次的 β – 氧化，生成 1 分子乙酰 CoA 和再短两个碳原子的脂酰 CoA。因自然界脂肪酸碳原子数大多为偶数，所以长链脂酰 CoA 如此重复进行 β – 氧化，最终可降解为多个乙酰 CoA。

4．进入三羧酸循环

在生物体内，脂肪酸通过 β – 氧化作用产生的乙酰 CoA 可进入三羧酸循环，彻底氧化成 CO_2 和 H_2O，并产生能量。

脂肪酸的 β – 氧化过程见图 3 – 5。

（三）脂肪酸 β – 氧化分解过程中能量的生成

脂肪酸氧化是生物体能量的重要来源。脂肪酸含碳原子数不同，氧化分解所产生的能量也不一样。现以 16 碳的软脂酸（$C_{15}H_{31}COOH$）为例，计算净产生 ATP 的数量。

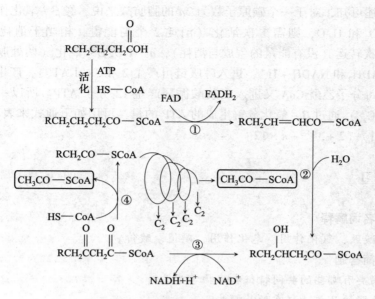

图 3 - 5 脂肪酸的 β - 氧化过程

1mol 软脂酸共经过 7 次上述的 β - 氧化循环，将软脂酸转变为 8mol 乙酰 CoA，并产生 7mol $FADH_2$ 和 7mol $NADH + H^+$。可表示为：

$C_{15}H_{31}COOH + 8CoASH + 7FAD + 7NAD + 7H_2O \rightarrow 8CH_3COSCoA + 7FADH_2 + 7(NADH + H^+)$

由前面所学生物氧化知识可知，每 1mol $FADH_2$ 进入呼吸链，生成 2mol ATP；每 1mol $NADH + H^+$ 进入呼吸链，生成 3mol ATP。因此，软脂酸 β - 氧化降解过程中脱下的氢经呼吸链共产生 ATP 的数量是 $2 \times 7 + 3 \times 7 = 35$mol ATP。

每 1mol 乙酰 CoA 进入三羧酸循环，可产生 12mol ATP。因此，经 β - 氧化降解所产生的 8mol 乙酰 CoA 彻底分解，共产生 $12 \times 8 = 96$mol ATP。

另外，软脂酸在活化时消耗了两个高能键，相当于消耗了 2 分子 ATP。

因此，1mol 软脂酸完全氧化时可净生成 $2 \times 7 + 3 \times 7 + 12 \times 8 2 = 129$mol ATP。

具体如下：

7mol	$FADH_2$	$2 \times 7 = 14$mol ATP
7mol	$NADH + H^+$	$3 \times 7 = 21$mol ATP
8mol	$CH_3CO - SCoA$	$12 \times 8 = 96$mol ATP
总计		131mol ATP
减去脂肪酸活化时消耗的		2mol ATP
净生成		129mol ATP

由上述可知，对于一个碳原子数为 $2n$ 的脂肪酸来说，经 β – 氧化作用彻底分解成 CO_2 和 H_2O，则需 1 次活化（消耗 2 个高能键，相当于消耗 2 份子 ATP），1 次转运（没有能量的生成与消耗），$n-1$ 次 β – 氧化（两处脱氢，氢受体为 $FADH_2$ 和 $NADH + H^+$，进入呼吸链可产生 2 和 3mol ATP），产生 n 个乙酰 CoA，每分子乙酰 CoA 又进入三羧酸循环产生 12 分子 ATP。所以一个饱和脂肪酸（C_{2n}）通过 β – 氧化分解生成的 ATP 的量，可用如下通式来表示：2 + 0 + $(n-1)$ $(2+3)$ + $n \times 12$。

课后练习

一、名词解释

油脂酸败、氢化作用、皂化作用、碘值、酸价。

二、简答题

1. 脂类有哪些的共同特征和生物学意义？

2. 油脂的品质特征常数是哪些？

3. 脂肪水解为什么产物？

4. 阐述脂肪酸 β – 氧化主要途径，并计算脂肪酸彻底氧化后 ATP 形成的数量。

技能训练7　粗脂肪的提取

一、实验目的

1. 学习和掌握粗脂肪提取的原理和测定方法。

2. 熟悉和掌握重量分析的基本操作。

二、实验原理

脂肪不溶于水，易溶于乙醚、石油醚和氯仿等有机溶剂。根据这一特性，选用低沸点的乙醚（沸点 35℃）或石油醚（沸点 30~60℃）作溶剂，用索氏提取器可对样品中的脂肪进行提取。索氏提取器由浸提管、抽提瓶和冷凝管三部分连接而成，如图 1 所示。浸提管两侧有虹吸管及通气管，装有样品的滤纸包放在浸提管内，溶剂加入抽提瓶中。当加热时，溶剂蒸气经通气管至冷凝管，冷凝后的溶剂滴入浸提管对样品进行浸提。

当浸提管中溶剂高度超过虹吸管高度时，浸提管内溶有脂肪的溶剂即从虹吸管流入抽提瓶。如此经过多次反复抽提，样品中脂肪逐渐全部浓集在抽提瓶中。抽提完毕，利用样品滤纸包脱脂前后减少的重量来计算样品的脂肪含量。由于有机溶剂从样品中抽提出的不单纯为脂肪，还含有其他脂溶性成分，因此本实验测定的结果应为粗脂肪的含量。

三、实验材料和器具

仪器：索氏提取器、恒温水浴锅、烘箱、干燥器、脱脂滤纸、脱脂棉、脱脂线等。

原料：谷物种子。

试剂：无水乙醚。

四、实验步骤

1. 样品预处理

称取 2g 已粉碎、过 40 目筛的样品原料，用滤纸包好（不可扎得太紧，以样品不散漏为宜），在烘箱 100～105℃ 条件下烘干至恒重，准确称重。

2. 抽提

将烘干称重的滤纸包放入干燥的浸提管内，滤纸的高度不能超过虹吸管顶部。浸提管上部连接冷凝管，并用一小团脱脂棉轻轻塞入冷凝管上口，浸提管下部连接抽提瓶，抽提瓶中加入约瓶体 1/2 的无水乙醚，并置于恒温水浴锅中。

打开冷却水，开始加热抽提。加热的水浴锅温度控制在 35～45℃，使每分钟冷凝回滴乙醚 120～150 滴，或每小时虹吸 6～8 次。抽提时间为 6h，以浸提管内乙醚滴在滤纸上不显油迹为止。

抽提完毕，移去上部冷凝管取出滤纸包。重新连接好冷凝器，在水浴锅上蒸馏回收乙醚。

3. 称量

滤纸包置于烘箱 100～105℃ 烘干溶剂至恒重，准确称重。滤纸包脱脂前后的重量差即为样品中粗脂肪的重量。

五、计算

$$粗脂肪/\% = \frac{W_1 - W_2}{W} \times 100\%$$

W_1——抽滤前滤纸包的重量

W_2——抽滤后滤纸包的重量

W——样品重量

六、注意事项

1. 滤纸包置于烘箱烘干溶剂时，为防止乙醚燃烧着火，烘箱应先半开门。

2. 虹吸速度应控制好，虹吸速度过慢影响抽提效果。

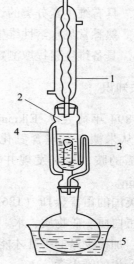

图 1 索氏提取器

1—冷凝管 2—提取器 3—虹吸管
4—连接管 5—烧瓶

模块四　维　生　素

模块描述

维生素是生物体必不可少的成分，具有重要的生理功能，人体常常因某种维生素缺乏而出现相应病症。在白酒生产原料降解转化过程中，维生素常常作为反应的辅助因子存在。

知识目标

1. 具备维生素的概念，认识维生素的特点，了解人体维生素缺乏的原因。
2. 具有维生素分类的认识，熟悉常见脂溶性维生素及其生理功能。
3. 熟悉常见水溶性维生素及其功能。
4. 具备维生素提取测定基础能力。

相关知识

1894 年荷兰人 Ejkman 用白米养鸡观察到脚气病现象，后来波兰人 Funk 从米糠中发现含氮化合物对此病颇有疗效，命名为 vitamine，意为生命必需的胺。后来发现并非所有维生素都是胺，所以去掉词尾的 e，成为 Vitamin。

英国的霍普金斯（1861—1947 年）用大白鼠做饲养实验，饲料中有糖、脂、蛋白质、矿物质、水。1906—1912 年科学家实验发现，只给纯饲料，不能生长，加极少量的牛乳才能生长，说明极少量的营养辅助因素是必需的，这即现在所说的维生素。

课题一　维生素概述

一、维生素的概念

维生素是维持机体生命活动必不可少的一类小分子有机化合物。

维生素的命名系统是按发现的先后顺序，以英文字母顺序命名，如维生素 A、B、C、D、E 等。也可以按生理功能命名，如抗干眼病因子、抗癞皮病因子、抗坏血酸等。或按化学结构命名，如视黄醇、硫胺素、核黄素等。

维生素具有以下特点：

（1）量少效高。维生素含量少，但是维持人体健康和生长发育所必需的物质。

（2）从食物中摄取。绝大多数不能在体内合成，因此维生素必须由食物供给。

（3）维生素是调节物质。维生素参加机体的代谢作用，不能提供热量，一般也不是机体的组成成分。

（4）缺少维生素，机体易患病甚至死亡。

二、人体维生素缺乏的原因

1. 摄入量不足

因困难时期、战争、天灾造成食物缺少；偏食；烹调加工方法不当，如先切后洗、清洗过度、贮存过久。

2. 需要量增加

特别是青少年、孕妇、重体力者和消耗性疾病患者。

3. 吸收困难

消化系统疾病常同时导致维生素吸收障碍，如较长时间的腹泻；胆汁分泌障碍影响脂溶性维生素吸收；生鸡蛋中的抗生物素蛋白可与生物素结合成难以吸收的化合物。

4. 某些药物的使用

肠道正常菌群可合成大量维生素，供人体吸收利用，如 B 族维生素，若长期服用抗菌药物抑制肠道细菌生长，易造成维生素缺乏。

维生素虽为必须但人对其需要量有一定范围，如摄入过多也会引起某些维生素中毒，如维生素 A、维生素 D、维生素 B_1、维生素 B_2 等。

维生素的生物利用率是指一种所摄入的营养素被肠道吸收，在代谢过程中所起的作用或在体内被利用的程度。

根据溶解性能分为脂溶性维生素和水溶性维生素。脂溶性维生素可在体内贮存（肝脏），水溶性维生素必须及时补充。

课题二　脂溶性维生素

维生素 A、维生素 D、维生素 E、维生素 K 等不溶于水，而溶于脂肪及脂溶剂（如苯、乙醚及氯仿等）中，故称为脂溶性维生素。

在食物中，它们常和脂质共同存在，因此在肠道吸收时也与脂质的吸收密切相关。当脂质吸收不良时，脂溶性维生素的吸收大为减少，甚至会引起缺乏症。吸收后的脂溶性维生素可以在体内，尤其是在肝内储存。

一、维生素 A

维生素 A，又名视黄醇，是一个具有脂环的不饱和一元醇，通常以视黄醇酯的形式存在，视黄醇从动物饮食中吸收或由植物来源的 β – 胡萝卜素合成。

维生素A₁（视黄醇）　　　　　　维生素A₂（3–脱氢视黄醇）

维生素 A 包括 A₁ 和 A₂ 两种。A₁ 存在于哺乳动物及咸水鱼的肝脏中；A₂存在于淡水鱼的肝脏中。

维生素 A 为淡黄色片状结晶，不溶于水，易溶于油脂或有机溶剂，溶点 $62 \sim 64^{\circ}C$，易受紫外线与空气中的氧所破坏而失去效力，对热比较稳定，在碱性条件下亦稳定，但在酸性条件下不稳定，天然维生素 A 较合成的维生素 A 的稳定性好。

维生素 A 的功能为：第一，维生素 A 是眼睛视网膜细胞内视紫红质的组成成分；第二，维生素 A 可维持皮肤和黏膜等上皮组织的正常状态；第三，维生素 A 促进生长和骨骼发育；第四，维生素 A 可增进人体对疾病的抵抗力，对预防腹泻和呼吸道感染有一定效果。

二、维生素 D

维生素 D 为类甾醇衍生物，具有抗佝偻病作用，故称为抗佝偻病维生素。

维生素 D 家族最重要的成员是麦角钙化（甾）醇（即维生素 D_2）及胆钙化（甾）醇（维生素 D_3）。人及动物皮肤中的 7 - 脱氢胆固醇经紫外光照射后即可以转变为胆钙化醇（VD_3），因此，凡能经常接受阳光照射者不会发生维生素 D 缺乏症。维生素 D_2 及维生素 D_3 是最重要的维生素 D，维生素 D 在食物中与维生素 A 伴存。

维生素 D 对氧、热、酸、碱均较稳定。在肉、奶中含量较少，而鱼、蛋黄、奶油中的含量丰富，尤以海产鱼肝油中特别丰富。维生素 D 的生理功能是调节 Ca、P 代谢，缺乏时，会引起儿童得佝偻病，成人得软骨病。

维生素 D 在中性及碱性溶液中能耐高温和耐氧化，在酸性溶液中则会逐渐分解，所以油脂氧化酸败可引起维生素 D 破坏，而在一般烹调加工中不会损失。

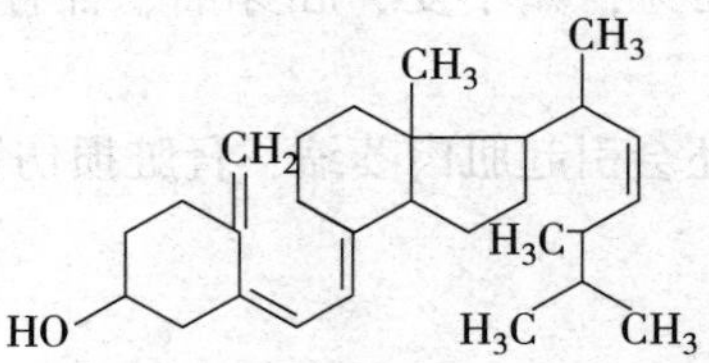

維生素D_2　　　　　維生素D_3

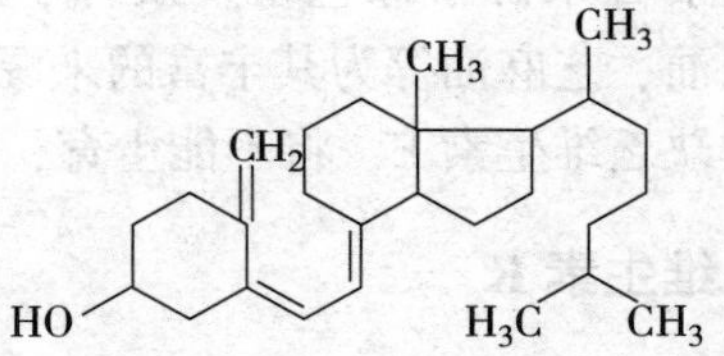

三、维生素 E

维生素 E 与动物生育有关，故称生育酚。天然的生育酚共有 8 种，在化学结构上，均系苯骈二氢吡喃的衍生物。根据其化学结构分为生育酚及生育三烯酚两类，每类又可根据甲基的数目和位置不同，分为 α、β、γ 和 δ 几种。

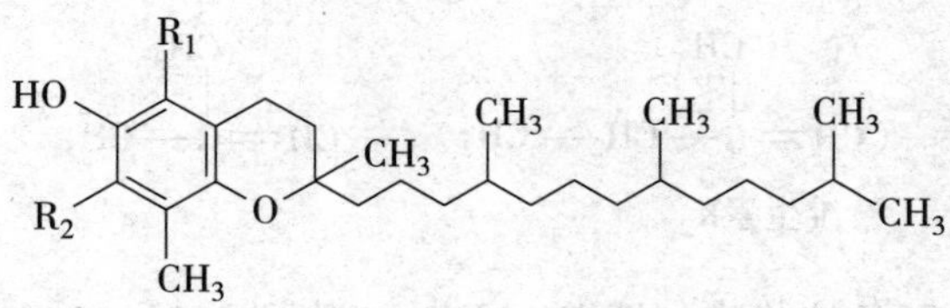

维生素 E 对氧敏感，易被氧化，易受碱和紫外线破坏。维生素 E 在无氧条件下对热稳定。脂肪氧化可引起维生素 E 的损失。维生素 E 在食品加工时可由于机械作用而受到损失或因氧化作用而损失，脱水食品中维生素 E 特别容易氧化。

生育酚的基团差异见表 4 - 1。

表4-1 生育酚的基团差异

维生素 E 组分	R_1	R_2
α-生育酚	CH_3	CH_3
β-生育酚	CH_3	H
γ-生育酚	H	CH_3
δ-生育酚	H	H

维生素 E 是淡黄色的油状物，对热和酸比较稳定，虽加热至200℃也不失去效力，但在碱性下，对加热和 UV 的抗性较弱。它易被氧化，在油脂中起抗氧剂作用。

维生素 E 来源于绿色植物及种子胚芽，如小麦、胚芽油、棉籽油、花生油、大豆油、芝麻油等为其丰富的来源。

人体缺乏维生素 E，将不能生育，还会引起肌肉萎缩，肾脏损伤等。

四、维生素 K

维生素 K 具有促进凝血的功能，故又称凝血维生素。天然的维生素 K 有两种：维生素 K_1 和 K_2。K_1 在绿叶植物及动物肝中含量较丰富。K_2 是人体肠道细菌的代谢产物。

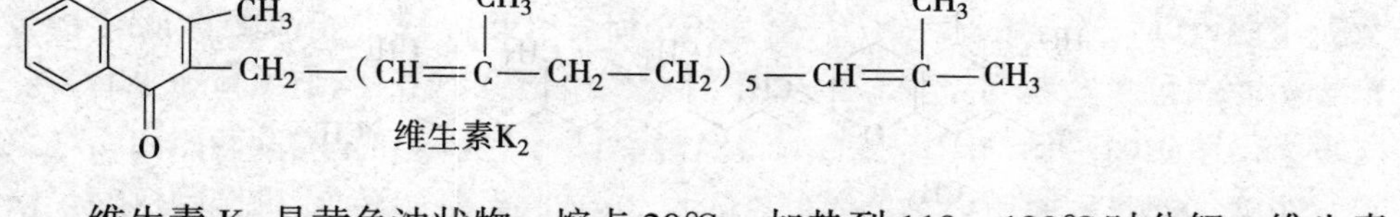

维生素K₁

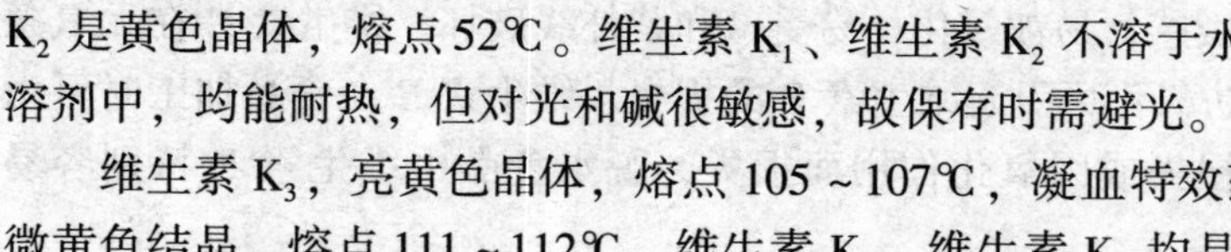

维生素K₂

维生素 K_1 是黄色油状物，熔点20℃，加热到110~120℃时分解。维生素 K_2 是黄色晶体，熔点52℃。维生素 K_1、维生素 K_2 不溶于水。微溶于油和有机溶剂中，均能耐热，但对光和碱很敏感，故保存时需避光。

维生素 K_3，亮黄色晶体，熔点105~107℃，凝血特效药。维生素 K_4，是微黄色结晶，熔点111~112℃。维生素 K_3、维生素 K_4 均是人工合成品，能溶于水，可用作酱油防腐剂。

课题三　水溶性维生素

水溶性维生素包括 B 族维生素和维生素 C。B 族维生素主要有维生素 B_1、维生素 B_2、维生素 PP、维生素 B_6、泛酸、生物素、叶酸及维生素 B_{12} 等。其特点为能溶于水，不溶于脂肪和有机溶剂，是辅酶的组成部分，易吸收，在体内贮存少。

一、维生素 B_1

维生素 B_1 又称抗脚气病维生素，抗神经炎维生素，因分子中含有硫和氨基，故又称为硫胺素。维生素 B_1 在自然界常与焦磷酸结合成焦磷酸硫胺素，简称 TPP。

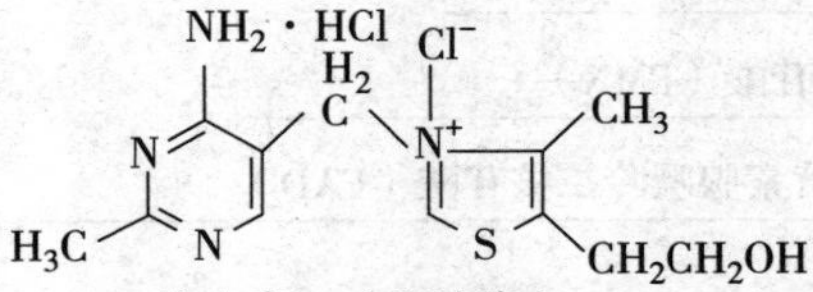

维生素B_1（硫胺素）

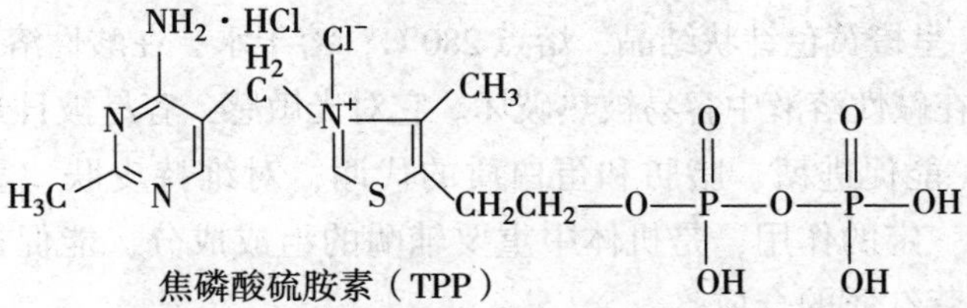

焦磷酸硫胺素（TPP）

人工合成的维生素 B_1 为白色晶状粉末或晶体，易潮解，有微弱的特臭，味苦，熔点 248℃，溶于水和甘油。

维生素 B_1 在酸性溶液中比较稳定，加热不易分解，在碱性溶液中极不稳定。紫外线可使硫胺素降解而失去活性。

维生素 B_1 可提高胆碱脂酶活性，促进糖分解。

维生素 B_1 多来源于米糠、麸皮、全麦粉等谷物类食物和豆类、肝类、肉类、蛋类、乳类、水果。

二、维生素 B_2

维生素 B_2 又名核黄素，是核醇与 7，8 - 二甲基异咯嗪的缩合物，在生物体内氧化还原过程中起传递氢的作用。

在体内核黄素是以黄素单核苷酸（FMN）和黄素腺嘌呤二核苷酸（FAD）

形式存在，是生物体内一些氧化还原酶如黄素蛋白的辅基，与蛋白部分结合很牢。

核黄素存在形式见图 4 – 1。

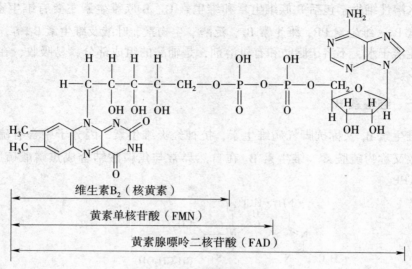

维生素B₂（核黄素）

黄素单核苷酸（FMN）

黄素腺嘌呤二核苷酸（FAD）

图 4 – 1　核黄素存在形式

维生素 B_2 呈橙黄色针状结晶，熔点 280℃，溶于水，在酸性溶液及中性环境中对热稳定，在碱性溶液中容易被热破坏。它对光敏感，容易被日光所破坏。

维生素 B_2 能促进糖、脂肪和蛋白质的代谢，对维持皮肤、黏膜和视觉的正常机能均有一定的作用，是机体中重要辅酶的组成成分，能促进发育，调节视觉，参与视紫红质的合成。

维生素 B_2 来源于酵母、肝、肾、乳类、蛋黄、鳝鱼、蟹、干豆类、花生、绿叶蔬菜。

三、泛酸

泛酸广泛存在于生物界，故又名遍多酸，为维生素 B_3，是由 β – 丙氨酸通过肽键与 α、γ – 二羟基 – β，β – 二甲基丁酸缩合而成的一种有机酸。泛酸是辅酶 A 和磷酸泛酰巯基乙胺的组成成分，辅酶 A 是泛酸的主要活性形式，常简写为 CoA。

α、γ – 二羟基 – β，β – 二甲基丁酸残基　　β – 丙氨酸残基

辅酶 A 结构图如下所示。

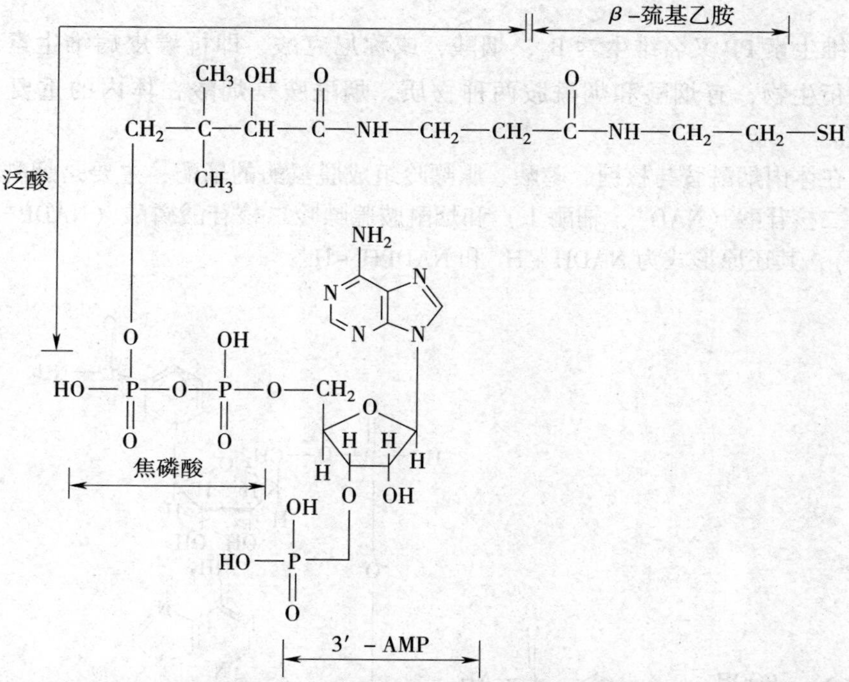

维生素 B_3 是辅酶 A 的主要组成成分，与糖、脂类及蛋白质代谢都有密切关系。来源于酵母、肝、肾、蛋黄、全面粉面包、牛乳、新鲜蔬菜。

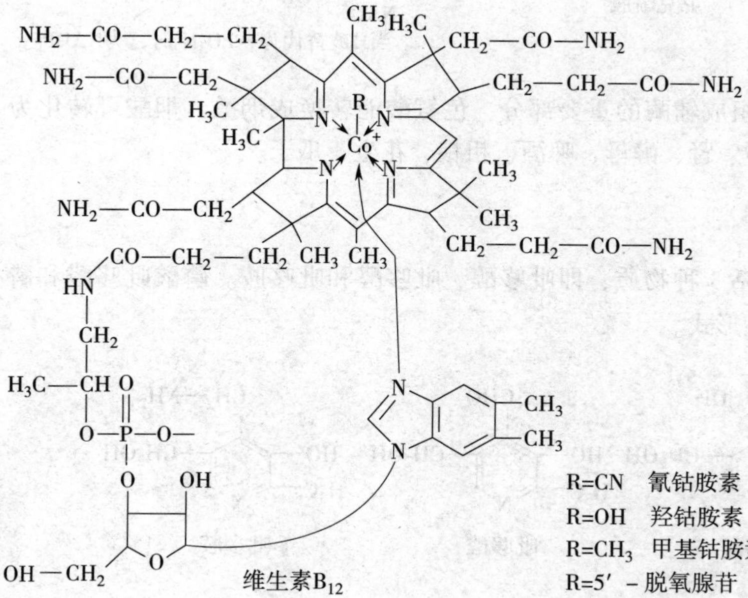

维生素B_{12}

R=CN　氰钴胺素（维生素B_{12}）

R=OH　羟钴胺素

R=CH_3　甲基钴胺素

R=5′ - 脱氧腺苷　5′ - 脱氧腺苷钴胺素

四、维生素 PP

维生素 PP 又名维生素 B_5，烟酸，或称尼克酸，即抗癞皮病维生素，是吡啶衍生物，有烟酸和烟酰胺两种物质。烟酰胺是烟酸在体内的重要存在形式。

在体内烟酰胺与核糖、磷酸、腺嘌呤组成脱氢酶的辅酶，主要是烟酰胺腺嘌呤二核苷酸（NAD^+，辅酶 I）和烟酰胺腺嘌呤二核苷酸磷酸（$NADP^+$，辅酶 II），其还原形式为 $NADH + H^+$ 和 $NADPH + H^+$。

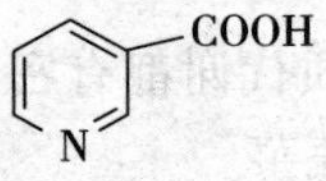

尼克酸 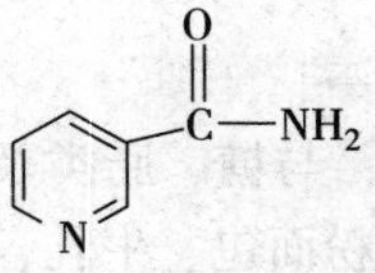　　　　　尼克酰胺

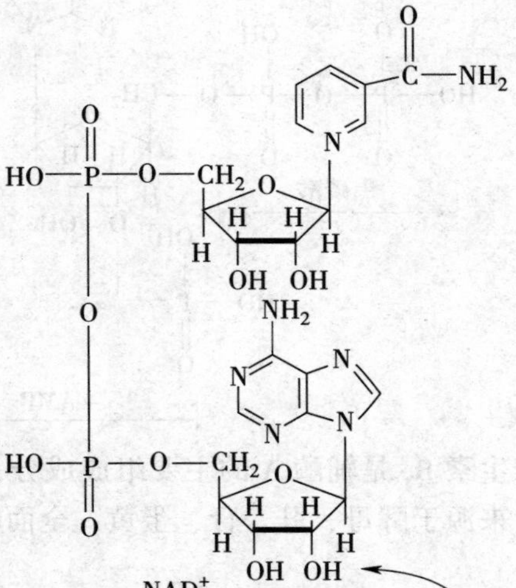

NAD^+

当H被替代为—PO_3H_2时，为$NADP^+$

维生素 B_5 是组成辅酶的重要部分，色氨酸能转换成烟酸，烟酸可转化为烟酰胺，来源于肝、肾、酵母、啤酒、粗粮、花生、瓜子。

五、维生素 B_6

维生素 B_6 包括 3 种物质，即吡哆醇、吡哆醛和吡哆胺。磷酸吡哆醛和磷酸吡哆胺是其活性形式。

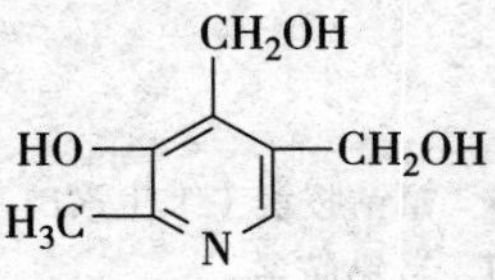

吡哆醇 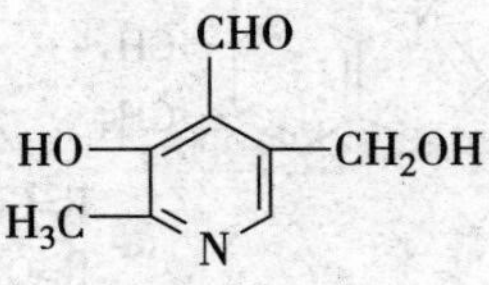　　　　　　吡哆醛 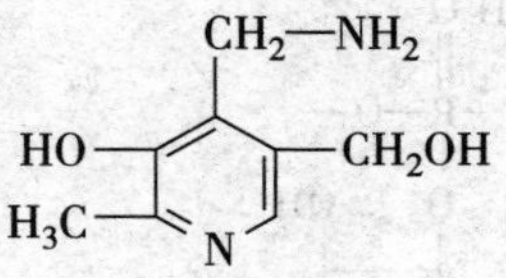　　　　　　　吡多胺

维生素 B_6 是无色晶体，味酸苦，耐热、酸、碱，但对光敏感。溶于水、乙醇。维生素 B_6 是很多重要酶系统的辅酶，与蛋白质和脂肪的代谢密切相关，来源于干酵母、肉、米糠、豆类、全麦、菠菜，人体肠道细菌能合成一部分。

六　叶酸

叶酸最初是由肝脏中分离出的，后来发现绿叶中含量十分丰富，因此命名为叶酸。它是由 2 - 氨基 -4 - 羟基 -6 - 甲基蝶啶、对氨基苯甲酸和 L - 谷氨酸三部分组成，又称蝶酰谷氨酸（PGA），也称维生素 B_{11}。

维生素B_{11}（叶酸）

维生素 B_{11} 在合成体内核蛋白中起到重要作用，具有造血作用，来源于绿色蔬菜、酵母、牛肉、肝、肾、菜花，人体肠道细菌能合成一部分。

七、维生素 B_{12}

维生素 B_{12} 因分子中含有钴（Co）（含量为 4.5%），所以又称钴胺素，是唯一含有金属元素的维生素。

维生素 B_{12} 为粉红色针状结晶，熔点 300℃，晶体在 100℃ 很稳定。无臭无味，溶于水，在 pH4.5 以内的溶液中也很稳定，在碱性（pH9）溶液中则会迅速分解。对光、氧化剂及还原剂敏感易被破坏。

维生素 B_{12} 是核酸合成及红细胞生成的必须物质，参与胆碱合成过程，其来源于肝、肾、肉类、大豆、鸡蛋，人体肠道细菌能合成。

八、维生素 C

维生素 C 是一种含有 6 个碳原子的酸性多羟基化合物，分子式为 $C_6H_8O_6$，在生物体内，维生素 C 是一种抗氧化剂，因为它能够保护身体免于氧化剂的威胁，维生素 C 具有防治坏血病的功能，又称为抗坏血酸。天然存在的抗坏血酸有 L 型和 D 型 2 种，后者无生物活性。

维生素 C 是呈无色无臭的片状晶体，易溶于水，不溶于有机溶剂。呈酸性，具有强还原性。在酸性环境中稳定，遇空气中氧、热、光、碱性物质，特别是当氧化酶及铜、铁等金属离子存在时，可促进其氧化破坏。它可很容易地以各种形式进行分解，是最不稳定的一种维生素，在加工中很容易从食品的切面或擦伤面流失。

$$O=C \qquad \xrightarrow{-2H} \qquad O=C \qquad \xrightarrow{+H_2O} \qquad O=C-OH$$

L–抗坏血酸　　　　　脱氢抗坏血酸　　　　L–二酮古洛糖酸
（还原型）　　　　　（氧化型）

维生素 C 是生物体的必需营养物质，具有重要生理功能。

1. 维生素 C 参与体内的氧化还原反应

（1）保持巯基酶的活性和谷胱甘肽的还原状态，起解毒作用。

酶是生化反应的催化剂，有些酶需要有自由的巯基（—SH）才能保持活性。维生素 C 能够使双硫键（—S—S）还原为—SH，从而提高相关酶的活性，发挥抗氧化的作用。

谷胱甘肽是由谷氨酸、胱氨酸和甘氨酸组成的短肽，在体内有氧化还原作用。它有两种存在形式，即氧化型和还原型，还原型对保证细胞膜的完整性起重要作用。维生素 C 是一种强抗氧化剂，其本身被氧化，而使氧化型谷胱甘肽还原为还原型谷胱甘肽，从而发挥抗氧化作用。并通过它与重金属结合而使重金属排出体外，达到解毒作用。

（2）维生素 C 与红细胞内的氧化还原过程有密切联系。红细胞中的维生素 C 可直接还原高铁血红蛋白成为血红蛋白，促进血红素形成，恢复其运输氧的能力。

（3）维生素 C 能促进肠道内铁的吸收，因为它能使难以吸收的三价铁还原成易于吸收的二价铁；还能使血浆运铁蛋白中的 Fe^{3+} 还原成肝脏铁蛋白的 Fe^{2+}。提高肝脏对铁的利用率，有助于治疗缺铁性贫血。

（4）维生素 C 能保护维生素 A、E 及 B 免遭氧化。还能促进叶酸转变为有生理活性的四氢叶酸，可辅助贫血的治疗。

2. 维生素 C 参与体内多羟基反应

（1）促进胶原蛋白的合成，胶原蛋白是体内细胞间质关键成分，对血管、骨骼、韧带有重要作用，维生素 C 缺乏时，胶原蛋白合成障碍，从而导致毛细血管壁通透性和脆性增加，容易破裂出血，形成坏血病。

（2）维生素 C 促进类固醇羟化，是催化胆固醇转变成 7α – 羟胆固醇反应中 7α – 羟化酶的辅酶，使肝脏内胆固醇转化为胆汁酸而排泄，可以降低血浆胆固醇，高胆固醇患者，应补给足量的维生素 C。

（3）维生素 C 参与芳香族氨基酸的代谢。酪氨酸转变为对羟苯丙酮酸及尿黑酸的反应中，都需要维生素 C，维生素 C 缺乏时，尿中大量出现对羟苯丙酮酸，易产生酪氨酸血症和黑尿症，维生素 C 还参与酪氨酸转变为儿茶酚胺、色氨酸转变为 5 - 羟色胺的反应。

3. 维生素 C 的其他功能

（1）生物体免疫球蛋白中的二硫键（S—S）是由两个半胱氨酸组成的，体内高浓度的维生素 C 可将胱氨酸还原成半胱氨酸，因此可促进免疫球蛋白合成，提高机体免疫力。

（2）大量维生素 C 可使细胞内环—磷酸腺苷等的含量有所提高，它在细胞内含量提高了，可使恶变细胞再转为正常，同时维生素 C 可抑制体内致癌物质亚硝胺的生成，因此具有抗癌作用。

维生素 C 的主要食物来源是新鲜蔬菜与水果。蔬菜中，辣椒、茼蒿、苦瓜、豆角、菠菜、土豆、韭菜等中含量丰富；水果中，酸枣、鲜枣、草莓、柑橘、柠檬等中含量最多；人体自身不能合成，需要食物供给。

我国建议成人每日维生素 C 需要量为 60mg。吸烟可造成血中维生素 C 降低，阿司匹林可干扰白细胞摄取维生素 C。

⩗ 课后练习

一、名词解释

水溶性维生素、脂溶性维生素。

二、简答题

1. 什么是维生素？维生素分为哪两个类型？维生素有什么特点？

2. 列举常见的水溶性维生素及脂溶性维生素，并分别说明它们的生理功能。

3. 酵母菌中存在哪些维生素。

技能训练 8   维生素 C 的定量测定

一、实验目的

学习维生素 C 定量测定的一般原理，掌握用 2, 6 - 二氯酚靛酚滴定法定量测定食物和生物体液中维生素 C 的基本操作技术。

二、实验原理

维生素 C 又称为抗坏血酸，一般水果、蔬菜中维生素 C 的含量均较高，不同的水果、蔬菜品种，以及同一品种在不同栽培条件、不同成熟度等情况下，其维生素 C 的含量都有所不同。测定维生素 C 含量，可以作为果蔬品质指标之一。

维生素 C 具有很强的还原性，染料 2，6 - 二氯酚靛酚具有较强的氧化性，且在酸性溶液中呈红色，在中性或碱性溶液中呈蓝色。因此当用蓝色的碱性 2，6 - 二氯酚靛酚溶液滴定含有维生素 C 的草酸溶液时，其中的维生素 C 可以将 2，6 - 二氯酚靛酚还原成无色的还原型。但当溶液中的维生素 C 完全被氧化之后，则再滴 2，6 - 二氯酚靛酚就会使溶液呈红色。借此可以指示滴定终点，如无其他杂质干扰，2，6 - 二氯酚靛酚量与样品中所含维生素 C 的量成正比。根据滴定用去的标准 2，6 - 二氯酚靛酚溶液的量，可以计算出被测样品中维生素 C 的含量。

三、实验材料与器具

1. 材料

水果或蔬菜。

2. 试剂

（1）2% 草酸溶液 100mL。

（2）0.1% 2，6 - 二氯酚靛酚溶液　250mg 2，6 二氯酚靛酚溶于 150mL 含有 52mg $NaHCO_3$ 的热水中，冷却后加水稀释至 250mL，贮于棕色瓶中冷藏（4℃）约可保存一周。每次临用时，以标准抗坏血酸溶液标定。

（3）标准抗坏血酸溶液（1mg/mL）　准确称取 100mg 纯抗坏血酸（应为洁白色，如变为黄色则不能用）溶于 1% 草酸溶液中，并稀释至 100mL，贮于棕色瓶中，冷藏。最好临用前配制。

3. 设备

蒸发皿、小研钵及杵一套、移液管、漏斗、滤纸、容量瓶、微量滴定管。

四、实验步骤

1. 样品提取

称取水果和蔬菜样品 10g，放在研钵中加入 2% 草酸溶液约 20mL 研碎。四层纱布过滤，滤液备用。纱布可用少量 2% 草酸洗几次，合并滤液，放置 5min，用 2% 草酸滤液总体积定容至 50mL。

2. 染料的标定

准确吸取标准抗坏血酸溶液 1mL 置 50mL 锥形瓶中，加 9mL 2% 草酸，用微量滴定管以 0.1% 2，6 - 二氯酚靛酚溶液滴定至微红色，并保持 15s 不褪色，即达终点。由所用染料的体积计算出 1mL 染料相当于多少毫克抗坏血酸。

3. 样品滴定

取样品溶液 10mL 于小三角瓶中，用已标定过的 2，6 - 二氯酚靛酚溶液滴定（充分摇匀）至微红色并且在15s内不褪色为止，记下染料的用量（重复3次，取平均值）。取10mL 2%草酸作空白对照，按以上方法滴定。为准确起见，可重复3次，取平均值。

五、计算

$$W（mg/100g 鲜样）=（y_1 y_0）\times A \times Z \times 100/（B \times X）$$

式中　　W——100g 样品中含维生素 C 的质量，mg

y_0——滴定空白所用染料体积，mL

y_1——滴定样品所用染料体积，mL

A——与1mL 染料溶液相当的维生素 C 的质量，mg

B——样品的质量，g

X——滴定时吸取样品溶液的体积，mL

Z——样品溶液定容后的总体积，mL

模块五　酶

模块描述

　　酶是生物催化剂，白酒生产过程是一系列生物化学反应，这些生物化学反应是在酶的催化下进行的，酵母菌等微生物中含有大量与酿酒生产有关的酶，因此在白酒生产中应用很广。

知识目标

1. 具有酶的概念，认识酶的催化特性和酶的分类。
2. 认识酶的结构特点和催化功能，理解酶的专一性及其催化机理。
3. 具备酶促反应概念，了解影响酶促反应的因素。
4. 认识白酒生产常用的酶及其酶类状况。
5. 具备酶活性测定基础能力和酶的影响因素分析能力。

课题一　酶　概　述

一、酶概述

　　酒曲是我国酿酒技术的重大发明，它是世界上最早的多种微生物的复合酶制剂。

（一）酶的概念与催化特性

1. 酶的概念

　　酶是活细胞产生的，能在体内或体外起同样催化作用的生物分子，又称生物催化剂。

绝大多数的酶是蛋白质，但少数具有生物催化功能的分子并非为蛋白质，有一些被称为核酶的 RNA 分子和一些 DNA 分子同样具有催化功能。具有催化功能的 RNA 称为核酶，具有催化功能的 DNA 称为脱氧核酶。

2. 酶具有一般催化剂的特征

（1）只能催化热力学上允许进行的反应。

（2）可以缩短化学反应达到平衡的时间，而不改变反应的平衡点。

（3）用量少，反应中本身不被消耗。

（4）通过降低活化能加快化学反应速度。

3. 酶的催化特性

（1）高效性 通常比非生物催化剂的催化活性高 $10^6 \sim 10^{13}$ 倍。

（2）高度专一性 酶对底物具有严格的选择性。即一种酶只能催化一种或一类结构相似的化合物发生一定的反应。

（3）酶易失活 对环境条件极为敏感。

（4）酶活性可被调节控制：

① 酶浓度调节。

② 激素调节。

③ 反馈抑制调节。

④ 抑制剂和激活剂的调节。

⑤ 其他调节方式（别构调节、酶原的激活、酶的可逆共价修饰、同工酶）。

（二）酶的分类和命名

1. 酶的分类

1961 年国际酶学委员会（Enzyme Committee，EC）根据酶所催化的反应类型和机理，把酶分成 6 大类：

（1）氧化还原酶类 催化氧化还原反应的酶，主要是催化氢的转移或电子传递的氧化还原反应。

（2）转移酶类 催化分子间基团转移的酶。

（3）水解酶类 催化水解反应的酶。

（4）裂解酶类（或裂合酶类） 催化非水解性地除去分子中的基团及其逆反应的酶。

（5）异构酶 催化分子异构反应的酶。

（6）合成酶类（或连接酶类） 催化有 ATP 参加的合成反应（即两个分子合成一个分子）的酶。

2. 酶的命名

酶的命名方法分为两种，即系统和惯用名。

系统名包括所有有底物的名称和反应类型，如，

$$L - 乳酸：NAD + 氧化还原酶$$

$$乳酸 + NAD^+ \Longleftrightarrow 丙酮酸 + NADH + H^+$$

惯用名只取一个较重要的底物名称和反应类型，如，

$$NAD + 氧化还原酶 \longrightarrow 乳酸脱氢酶$$

$$丙酮酸：\alpha - 酮戊二酸氨基转移酶 \longrightarrow 谷丙转氨酶$$

对于催化水解反应的酶一般在酶的名称上省去反应类型。

二、酶的结构与功能

1. 大多数酶是蛋白质

1926 年 J. B. Sumner 首次从刀豆制备出脲酶结晶，证明其为蛋白质，并提出酶的本质就是蛋白质的观点。

2. 核酶

1982 年 T. Cech 发现了第 1 个有催化活性的天然 RNA——核酶（ribozyme），以后 Altman 和 Pace 等又陆续发现了真正的 RNA 催化剂。

核酶的发现不仅表明酶不一定都是蛋白质，还促进了有关生命起源、生物进化等问题的进一步探讨。

3. 酶的辅因子

酶的辅因子有金属离子，金属离子作为酶活性部位的组成部分，帮助形成酶活性所必需的构象。酶的辅酶或辅基通常作为电子、原子或某些化学基团的传递载体。

酶的催化专一性主要决定于酶蛋白部分。

4. 单体酶、寡聚酶和多酶复合物

单体酶是仅有一条多肽链的酶，全部参与水解反应。寡聚酶是由几个或多个亚基组成的酶。亚基之间以非共价键结合，单个亚基没有催化活性。多酶复合物是几个酶靠非共价键镶嵌而成的复合物。酶催化将底物转化为产物的一系列顺序反应，有利于提高酶的催化效率并便于对酶的调控。

多酶复合物见图 5 - 1。

5. 活性部位和必需基团

必需基团是指酶分子中直接或间接与酶催化活性相关的某些氨基酸残基的功能基团，这些基团若经化学修饰使其改变，则酶的活性丧失。

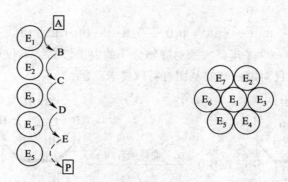

图 5-1　多酶复合物

活性部位是指酶分子中直接与底物结合，并和酶催化作用直接有关的部位，它是酶行使催化功能的结构基础。酶分子表面不是任何部位都能与底物相结合的，只有称为酶的活性部位才能与底物结合并进行催化作用。

酶活性部位的特点：

（1）活性部位在酶分子整个体积中只占很小的一部分。

（2）活性部位是一个三维实体。

（3）通过较弱的键结合到酶分子上形成酶和底物的复合物（ES）。

（4）酶的活性部位是酶分子表面的一个裂隙或裂缝。

（5）活性部位有结合底物的专一性。

（6）酶活性部位具有柔性或可运动性。

三、酶的专一性

酶的专一性就是指酶对它所作用的底物的严格的选择性。即酶只能催化一种或一类底物，发生一定的化学变化，生成一定的产物。

$$
\text{根据酶专一性程度的不同，可分为：}
\begin{cases}
\text{相对专一性} \begin{cases} \text{键的专一性} \\ \text{基团的专一性} \end{cases} \\
\text{绝对专一性} \\
\text{立体异构专一性}
\end{cases}
$$

（一）结构专一性

1. 相对专一性

相对专一性是指作用于一类化合物或一种化学键的酶，如脂肪酶、磷酸酯酶和蛋白水解酶等。

（1）键专一性是指某些酶对其底物分子中所作用的键要求严格，而对键两端的基团没有选择性。例，

$$R-\overset{\overset{\displaystyle O}{\|}}{C}-O-R' + H_2O \xrightarrow{\text{脂酶}} R-\overset{\overset{\displaystyle O}{\|}}{C}-OH + R'-OH$$

（2）基团专一性是指某些酶对底物分子的要求较高，不仅要求底物具有一定的化学键，而且对键一端的基团有特殊要求。例，

$$\text{D-}\alpha\text{-葡萄糖苷} + R + H_2O \xrightarrow{\alpha - \text{葡萄糖苷酶}} \text{D-}\alpha\text{-葡萄糖} + \text{醇} + R-OH$$

2. 绝对专一性

绝对专一性是指酶只能作用于某一底物。例，

$$NH_2-\overset{\overset{\displaystyle O}{\|}}{C}-NH_2 + H_2O \xrightarrow{\text{脲酶}} 2NH_3 + CO_2$$

（二）立体异构专一性

当底物具有立体异构体时，酶只能催化一种异构体发生某种化学反应，而对另一种异构体无作用，称为立体异构专一性。例，

$$CH_3CHC-OH + NAD^+ \xrightarrow{\text{L-乳酸脱氢酶}} CH_3C-C-OH + NADH + H^+$$

L-乳酸   丙酮酸

1. 旋光异构专一性

某些酶有旋光异构专一性，如乳酸脱氢酶只能催化 L-乳酸脱氢变成丙酮酸；D-氨基酸氧化酶只能作用于各种 D-氨基酸，催化其氧化脱氨；胰蛋白酶只作用于 L-氨基酸残基构成的肽键或其衍生物。

2. 几何异构专一性（顺反异构专一性）

某些酶有几何异构专一性，如琥珀酸脱氢酶只能催化丁二酸脱氢生成反丁烯二酸的可逆反应。再如延胡索酸酶只能催化延胡索酸即反丁烯二酸水合成苹果酸。

四、酶的催化机理

1. 活化能

活化能是分子由常态转变为活化状态（过渡态）所需的能量，是指在一定

温度下，1mol 反应物全部进入活化状态所需的自由能。

2．促使化学反应进行的途径

促使化学反应进行，可用加热或光照给反应体系提供能量。使用催化剂降低反应活化能。酶和一般催化剂的作用就是降低化学反应所需的活化能，从而使活化分子数增多，反应速度加快。

3．酶降低反应活化能原理

中间产物学说是关于酶催化高效性的假说，由 Henri 和 Wurtz 在 1903 年提出。在酶促反应中，由于形成不稳定的中间产物 ES，可有效降低发生反应的活化能，从而解释酶催化的高效性。

酶的作用机理见图 5 - 2。

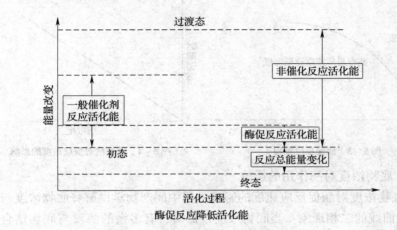

图 5 - 2　酶的作用机理

中间产物存在的证据：

（1）吸收光谱法（过氧化物酶与过氧化氢结合）。

（2）同位素^{32}P 标记底物法（磷酸化酶与葡萄糖结合）。

（3）电镜观察法（核酸与其聚合酶结合）。

五、酶促反应

1．酶促反应概念

酶促反应又称酶催化或酵素催化作用，指的是由酶作为催化剂进行催化的化学反应。

生物体内的化学反应绝大多数属于酶促反应。

2．影响酶促反应的因素

用一定时间内底物减少或产物生成的量表示酶促反应速度，单位为

mol/min等。

测定反应的初速度：在酶促反应开始无任何干扰因素出现时，短时间内酶的反应速度为反应初速度。一般指反应底物消耗5%以内时的反应速率。

酶反应过程曲线见图5-3。

（1）酶浓度对酶作用的影响　在有足够底物和其反应速度条件不变、无任何不利因素的情况下：酶浓度与反应速度呈正比，即当酶的浓度较小，底物浓度大大高于酶时，酶的浓度与反应速度成正比；当底物浓度一定时，酶的浓度继续增加到一定值以后，其反应速度并不加快。

酶浓度对反应速度的影响见图5-4。

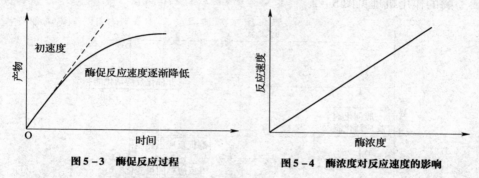

图5-3　酶促反应过程　　　　　图5-4　酶浓度对反应速度的影响

（2）底物浓度对酶作用的影响

① 底物浓度对酶促反应速度的影响：用中间产物学说解释底物浓度与反应速度关系曲线的二相现象：当底物浓度很低时，有多余的酶没与底物结合，随着底物浓度的增加，有更多的中间络合物生成，因而反应速度也不断增高。底物浓度很高时，体系中的酶全部与底物结合成中间产物，虽增加底物浓度也不会有更多的中间产物生成，因而反应速度几乎不变。

$$v = k \ [E]$$

式中　v——反应速度

　　　k——反应速度常数

　[E]——酶的浓度

② 米氏常数意义：1913年德国化学家 Michaelis 和 Menten 提出反应速度与底物浓度关系的数学方程式，即米-曼氏方程式，简称米氏方程。

$$V = \frac{V_{max} \ [S]}{K_m + \ [S]}$$

式中　K_m——米氏常数

　　　V_{max}——最大反应速度

　　[S]——底物浓度

V——不同［S］时的反应速度

由米氏方程可知，当反应速度等于最大反应速度一半时，即 $V = 1/2V_{max}$，K_m = ［S］，上式表示，米氏常数是反应速度为最大值的一半时的底物浓度。因此，米氏常数的单位为 mol/L。

K_m 是酶的一个特征性常数，与 pH、温度、离子强度、酶及底物种类有关，与酶浓度无关，可以鉴定酶。不同的酶具有不同 K_m。

几种酶的 K_m 见表 5 – 1。

表 5 –1   几种酶的 K_m 值

酶	底物	$K_m/$（mmol/L）
脲酶	尿素	25
溶菌酶	6 – N – 乙酰葡萄糖胺	0.006
6 – 磷酸葡萄糖脱氢酶	6 – 磷酸葡萄糖	0.058
胰凝乳蛋白酶	苯甲酰酪氨酰胺	2.5
	甲酰酪氨酰胺	12.0
	乙酰酪氨酰胺	32.0

K_m 值只是在固定的底物、一定的温度和 pH 条件下，一定的缓冲体系中测定的，不同条件下具有不同的 K_m 值。

K_m 值表示酶与底物之间的亲和程度：K_m 值大表示亲和程度小，酶的催化活性低；K_m 值小表示亲和程度大，酶的催化活性高。

米氏常数可根据实验数据作图法直接求得，先测定不同底物浓度的反应初速度，从 V 与［S］的关系曲线求得 V_{max}，然后再从 $1/2V_{max}$ 求得相应的［S］即为 K_m（近似值）。

（3）pH 对酶作用的影响　在一定的 pH 下，酶具有最大的催化活性，通常称此 pH 为最适 pH。酶的最适 pH 只在一定条件下才有意义，最适 pH 时的酶活力最大，最适 pH 因酶而异，多数酶在 7.0 左右。

pH 对反应速度的影响见图 5 – 5。

酶的最适 pH 不是固定的常数，其数值受酶的纯度、底物种类和浓度、缓冲液种类和浓度等影响。

pH 影响酶活力的原因如下：

① 环境过酸、过碱可使酶的空间结构破坏，引起酶构象的改变，酶变性失活。

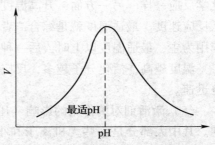

图 5 – 5   pH 对反应速度的影响

② pH 改变能影响酶分子活性部位上有关基团的解离，从而影响与底物的结合或催化。

③ pH 影响底物有关基团的解离。

（4）温度对酶作用的影响　酶的最适温度是指在一定条件下，酶表现最大活力时的温度。酶的最适温度不是一个固定的常数，其数值受底物种类、作用时间等因素影响而改变。

温度对酶促反应影响见图 5 – 6。

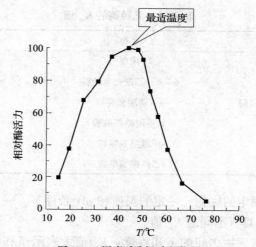

图 5 – 6　温度对酶促反应影响

最适温度动物酶 35 ~ 40℃；植物酶 40 ~ 50℃；微生物大部分 40 ~ 50℃个别高温菌 90℃以上。

温度与酶反应速度之间的关系如图 5 – 6 所示。酶反应在一定的温度范围内（一般在 0 ~ 40℃），反应速度随着温度升高而增加。温度每增加 10℃，反应速度增加的倍数称为温度系数（Q_{10}）。一般化学反应的 Q_{10} 为 2 ~ 3，许多酶促反应的 Q_{10} 为 1 ~ 2。

温度影响酶活性具有双重效应，一方面升高温度提高酶反应速度，与一般化学反应一样。另一方面，升高温度加速酶变性失活，使有活性的酶减少而降低反应速度。最适温度就是综合二者作用的结果。在最适温度以下时，前一种作用为主，最适温度以上时，后一种过程起主导作用。

温度越高，活化分子越多，反应速度快，酶变性时间越短，反应速度下降也迅速。

（5）激活剂对酶作用的影响　凡能提高酶活力的物质都称之为该酶的激活剂。其中大部分是一些无机离子和小分子有机化合物。如，Na^+、K^+、Ca^{2+}、Mg^{2+}、Cu^{2+}、Zn^{2+}、Co^{2+}、Cr^{2+}、Fe^{2+}、Cl^-、Br^-、I^-、CN^-、NO_3^-、PO_4^{3-}、抗坏血酸、半胱氨酸、谷胱甘肽等。

这些离子可与酶分子上的氨基酸侧链基团结合，可能是酶活性部位的组成部分，也可能作为辅酶或辅基的一个组成部分起作用。

一般情况下，一种激活剂对某种酶是激活剂，而对另一种酶则起抑制作用；对于同一种酶，不同激活剂浓度会产生不同的作用。

激活剂的种类可分以下三种：

① 无机离子：包括 K^+、Na^+、Ca^{2+}、Mg^{2+}、Cu^{2+}、Zn^{2+} 等正离子，Cl^-、Br^- 等负离子。例如，经过透析的唾液淀粉酶活力不高，若加入少量 NaCl，则酶活力大大增加，这实际上是 NaCl 对唾液淀粉酶的激活作用。又如 Mg^{2+} 对磷酸酶的激活，K^+ 对次黄嘌呤核苷酸脱氢酶的激活等。

② 小分子有机物：如抗坏血酸、半胱氨酸、谷胱甘肽、乙二胺四乙酸（EDTA）等。例如，有些酶的活性中心含—SH，在酶分离提纯过程中，分子中的—SH 常被氧化而降低活力，若加入抗坏血酸、半胱氨酸等还原剂，使氧化了的巯基还原以恢复活力。又如，EDTA 可解除重金属离子对酶的毒害作用。

③ 生物大分子：如 RNA、蛋白质（包括酶）。

应当注意激活剂的作用是相对的，一种酶的激活剂对另一种酶来说，也可能是抑制剂。另外，激活剂的浓度不同对酶活性的影响也不同。对某些酶的激活剂，有时低浓度有激活作用，高浓度则有抑制作用。如氯离子为唾液淀粉酶的激活剂，氯化钠达到约 30% 浓度时可抑制唾液淀粉酶的活性。

（6）抑制剂对酶作用的影响　有些物质能与酶分子上某些必须基团结合，使酶的活性中心的化学性质发生改变，导致酶活力下降或丧失，这种现象称为酶的抑制作用。

使酶的必需基团或活性部位中的基团的化学性质改变而降低酶活力甚至使酶丧失活性的物质，称为酶的抑制剂。

凡可使酶蛋白变性而引起酶活力丧失的作用称为失活作用。

酶的抑制剂一般具备两个方面的特点：一是在化学结构上与被抑制的底物分子或底物的过渡状态相似。二是能够与酶的活性中心以非共价或共价的方式形成比较稳定的复合体或结合物。

酶的抑制作用可以分为不可逆抑制作用与可逆抑制作用。

① 不可逆抑制作用：这类抑制剂通常以共价键与酶分子中的必需基团结合，从而使酶活力下降，不能用透析、超滤等方法将抑制剂除去，因而酶的活性难以恢复。很多为剧毒物质：重金属、有机磷、有机汞、有机砷、氰化物、青霉素、毒鼠强等。

② 可逆抑制作用：可通过透析等方法除去抑制效果的抑制作用称为可逆抑制作用。

3. 酶活力单位

酶的活力大小通常用酶活力单位来表示，1 个酶活力单位是指在特定条件（25℃，其他为最适条件）下，在 1min 内能转化 1μmol 底物的酶量，或是转化底物中 1μmol 有关基团的酶量。称为一个国际单位（IU，又称 U）。

酶的比活力是指每毫克质量的蛋白质中所含的某种酶的催化活力。是用来度量酶纯度的指标，单位是 U/mg，是生产和酶学研究中经常使用的基本数据。

课题二 白酒生产中的酶类

白酒生产中采用糖化酶代替麸曲可使出酒率提高 2%～7%，这既能节约粮食，又可简化设备，节省厂房。啤酒是以麦芽为原料，经糖化发酵而成的酒精饮料。麦芽中含有发酵所必需的各种酶类。采用微生物淀粉酶、蛋白酶、β-淀粉酶、β-葡聚酶等酶制剂，可补充酶活力的不足。果酒酿造中采用酸性蛋白酶、淀粉酶、果胶酶可消除浑浊，改善破碎果的榨汁操作。

一、白酒生产常见酶

（一）淀粉酶

淀粉酶也称淀粉水解酶，它是能分解淀粉糖苷键的一类酶的总称。包括 α-淀粉酶、糖化酶、异淀粉酶、麦芽糖酶等。

1. α-淀粉酶

α-淀粉酶，因其生成产物的还原末端葡萄糖单位的 Cl 为 α-构型，故又称液化淀粉酶。因它能使淀粉糊化物的黏度迅速降低，因其能快速将淀粉切割为大、小糊精，故又名淀粉糊精酶或淀粉糊精化酶；由于它很容易将淀粉长链从内部切成短链的糊精，而对外侧的 α-1，4-键不易切割，故又名内切型淀粉酶；由于它不能切割 α-1，6-键，也不能分解紧靠于 α-1，6-键的 α-1，4-键，故又称淀粉-1，4-糊精酶。

（1）来源 产生 α-淀粉酶的主要菌类是细菌和霉菌。例如枯草芽孢杆菌、马铃薯杆菌、溶淀粉芽孢杆菌、凝结芽孢杆菌、嗜热脂肪芽孢杆菌、假单胞杆菌、巨大芽孢杆菌、地衣芽孢杆菌以及米曲霉、白曲霉、黑曲霉、根霉等。

细菌见图 5-7，霉菌见图 5-8。

在以麸皮为主要原料进行固态曲的培养时，碳氮比对产酶的影响不大明显；在微酸性条件下产酶较稳定，就枯草芽孢杆菌而言，产酶的最适品温为 37℃，品温达 45℃时，产酶能力就降低。若使用枯草芽孢杆菌生产 α-淀粉酶酶制剂时，则通常采用液态发酵法。

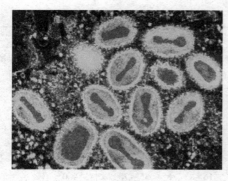

图 5-7 细菌

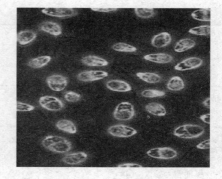

图 5-8 霉菌

（2）作用方式 α-淀粉酶作用于直链淀粉（链淀粉），将 α-1, 4-键不规则地切割为短链糊精后，糊精被继续酶解，最终产物为 13% 的葡萄糖及 87% 的麦芽糖。但实际上若单靠 α-淀粉酶的作用，则从糊精转化为糖的过程是非常缓慢的，在它还未将糊精全部变成糖之前，糊精早已污染杂菌而变质了。因此，通常由 α-淀粉酶与葡萄糖淀粉酶及异淀粉酶等酶共同作用，或采取"接力"的方式将淀粉进行分解，则可达到预期的目的。而实际上白酒生产中各种曲所含的淀粉酶多为复合酶，因而能较好地完成糖化作用。

α-淀粉酶作用于支链淀粉（胶淀粉）时，同样任意切割 α-1, 4-键，而留下含 α-1, 6-键的所谓界限糊精，最终产物为界限糊精、麦芽糖和葡萄糖。

由于 α-淀粉酶作用于以氧桥连结的糖苷键 C1—O—C4 的裂解是在 C1—O 之间进行的，故生成产物的还原末端葡萄糖单位 C1 碳原子为 α-构型。

还有一类 α-淀粉酶的作用结果是生成较多的还原糖，对淀粉的水解率达 75%，故称为糖化型淀粉酶。

（3）α-淀粉酶的作用条件 α-淀粉酶的作用机制及条件等特性，如表 5-2 所示。

表 5-2 各种 α-淀粉酶的特性

酶的来源	作用机制			作用条件		
	淀粉水解限度/%	主要水解产物	碘反应消失点分解限度/%	耐热性/℃（15min 处理）	适宜 pH	Ca^{2+} 保护作用
枯草芽孢杆菌（液化型）	35	糊精、30% 麦芽糖、6% 葡萄糖	13	65~80	5.4~6.0	+
枯草芽孢杆菌（糖化型）	70	41% 葡萄糖、58% 麦芽糖、麦芽三糖、糊精	25	55~70	4.8~5.2	—

续表

酶的来源	作用机制			作用条件		
	淀粉水解限度/%	主要水解产物	碘反应消失点分解限度/%	耐热性/℃（15min 处理）	适宜 pH	Ca^{2+} 保护作用
枯草芽孢杆菌（耐热型）	35	糊精、麦芽糖、葡萄糖	13	75～90		+
米曲霉	48	50% 麦芽糖	16	55～70	4.9～5.2	+
一般黑曲霉	48	50% 麦芽糖	16	55～70	4.9～5.2	+
黑曲霉（耐酸型）	48	50% 麦芽糖	16	55～70	4.0	
根霉	48	50% 麦芽糖	16	50～60	3.6	+
拟内孢霉	96	96% 葡萄糖	50	35～50	5.4	+
卵孢霉	37	糊精、麦芽糖	14	50～70	5.6	+

注：枯草芽孢杆菌（液化型）及拟内孢霉对麦芽糖有分解力，其余菌无分解力；卵孢霉、拟内孢霉、枯草芽孢杆菌（耐热型）及枯草芽孢杆菌（液化型）对淀粉有吸附性，其余菌无吸附性。

α-淀粉酶有效温度范围 35～100℃，最适温度范围在 60～110℃，主要分为中温型和高温型两类，中温型最适温度在 60℃，产物五糖比较多，最适 pH 范围 5.2～6.2，高温型最适温度在 90～95℃，产物六糖比较多，最适 pH 范围 5.5～7.0。

钙离子可提高酶的稳定性，没有钙离子，酶活力完全丧失。除 Ca^{2+} 外，Mn^{2+} 和 Mg^{2+} 对该酶的活力也有明显的促进作用。

2. 糖化酶

（1）别名及作用方式 糖化酶是习惯上的简称，其系统名为淀粉 α-1，4-葡聚糖葡萄糖水解酶，或称作 α-1，4-葡萄糖苷酶、糖化型淀粉酶、葡萄糖淀粉酶。

该酶能自淀粉的还原性末端将葡萄糖单位一个一个地切割下来。在水解到支链淀粉的分支点时，一般先将 α-1，4-键断开，可再继续水解。即糖化酶对底物的专一性不很强，它除了能切开 α-1，4-键外，也能切开 α-1，6-键和 α-1，3-键，只是对这 3 种键的水解速度不同。故此酶在理论上能将支链淀粉全部分解为葡萄糖，并在水解过程中也能起转位作用，产物为 β-葡萄糖。

（2）来源 产生糖化酶的微生物几乎全部是霉菌，其中主要为黑曲霉、根霉、内孢霉及红曲霉。比较而言，米曲霉的 α-淀粉酶活力较强，而糖化酶活力较弱。黑曲霉则 α-淀粉酶活力较低，而糖化酶活力较强；由于黑曲霉转移葡萄糖苷酶的活力也较强，故作用的结果往往残留较多异麦芽糖等非发酵性糖。根霉、拟内孢霉及红曲霉的 α - 淀粉酶活力弱，糖化酶活力强，转移葡萄糖苷酶活力弱，故几乎能 100% 地水解淀粉。

当固态培养根霉时，麸皮是最好的原料。根霉喜湿，例如根霉菌 AS3042 以麸皮为原料，加水 130%，使含水量在 64% 以上，曲室相对湿度为 90% 时，在 30℃下培养 30h，则糖化酶活力可达最高值：1g 绝干麸曲，可糖化 20g 淀粉生成葡萄糖，DE 值达 97%。

（3）作用条件 各个菌株所产糖化酶的作用条件略有区别。例如 AS3.4309 黑曲霉产的糖化酶，其最适作用温度为 60℃；在该温度下，最适作用 pH 为 3.5 ~ 5.0，是耐酸型的。

（4）糖化酶在白酒生产上的作用

糖化酶在白酒工业上的应用范围越来越广泛。液态法白酒、普通白酒、优质白酒、串香酒等，糖化酶使用都有明显效果。

糖化酶应用于我国液态酒精工业，可与淀粉酶配合使用，在调浆时加入淀粉酶可以降低醪液黏度，糖化时加入糖化酶可以将淀粉糖化为低聚糖。

使用糖化酶代替麸曲生产普通白酒，每吨酒的成本可下降 50 元以上，而且出酒率稳定，各班出酒率差距小，为工厂节省了能源，减少了半成品车间厂房及设备。因此，全国普通白酒的生产基本上采用了糖化酶代替麸曲和小曲的新工艺。

在清香型大曲优质酒酿造中，增加糖化酶 1.2% 后可以减少大曲用量 25%，配合使用活性干酵母 1.2%，可使大曲酒出酒率提高 5% 以上，浓香型大曲酒工艺中也可用糖化酶来减曲发酵，有的甚至减曲 50%，且酒质稳定。

清香、浓香、酱香型的丢糟中含有大量可发酵的成分及已生成的大量香味物质，用糖化酶代替麸曲及大曲进行丢糟的再发酵，效果非常明显。

白酒生产上使用糖化酶应注意：

① 糖化酶最适作用温度 60℃，高于、低于此温度，糖化力有所下降，因此加酶时酒醅的温度，以不低于 45℃、不高于 60℃为宜。糖化酶最适 pH4.5，偏离此范围，糖化力受到一定的影响。

② 糖化酶使用前必须用温水（不超过 40℃）进行溶解。酶加入原料时原料温度应控制在 58 ~ 60℃，酶要与底物混合均匀。

③糖化酶用量，应根据原料品种不同，工艺不同有所区别，但一般的用量是每 1g 原料用酶 80 ~ 200U。

④由于糖化酶糖化速度快，因此应降低入池温度或缩短发酵时间。

3. 异淀粉酶

（1）别名及其作用方式 异淀粉酶能切开支链淀粉型多糖的 α - 1，6 - 葡萄糖苷键，故又名脱支链淀粉酶或淀粉 α - 1，6 - 糊精酶，它能将支链淀粉的整个侧链切下变为分子较小的直链淀粉，也能作用界限糊精的 $\alpha-1$，$6-$ 键，是属于作用淀粉分子内部键的酶。

（2）来源　异淀粉酶广泛存在于自然界，大米、蚕豆、马铃薯、麦芽和甜玉米等植物均发现异淀粉酶存在，在高等动物的肝脏、肌肉中亦有类似的酶存在。微生物中能够产生异淀粉酶的菌种很多，最初在酵母中发现异淀粉酶，后发现不少细菌和某些放线菌均能产生异淀粉酶，例如产气杆菌、蜡状芽孢杆菌、多黏芽孢杆菌、解淀粉芽孢杆菌，以及某些假单胞杆菌。不同菌类产异淀粉酶的能力差异很大。

（3）作用条件　异淀粉酶的作用适温为 $45\sim50℃$，适宜 pH 为 $6\sim7$。由于支链淀粉被切端多具有还原能力，故开始作用时淀粉的还原性能也增加。但随着切支作用的进行，淀粉对碘的呈色反应则由红变蓝，这种呈色反应的变化，呈现了直链淀粉的特性，说明经异淀粉酶作用后长链的支链淀粉被切割为了直链淀粉。该酶与 $\alpha-$ 淀粉酶及糖化酶配合使用，可以将淀粉转化为单糖或二糖，对发酵原料的糖化有作用。

4．$\beta-$ 淀粉酶

（1）作用方式　$\beta-$ 淀粉酶又称淀粉 $\beta-1$，$4-$ 麦芽糖苷酶，是淀粉酶类中的一种，该酶从淀粉分子的非还原性末端，作用于 1，4 糖苷键依次切下一个个麦芽糖。但它不作用于支链分支点的 1，6 键，也不能绕过 1，6 键去切开分支点内侧的 1，4 键，故此酶单独作用于支链淀粉的结果，除产生麦芽糖外，还产生 $\beta-$ 界限糊精，但不能产生葡萄糖，$\beta-$ 淀粉酶是外切型淀粉酶。

该酶在切下麦芽糖的同时，还能将 $\alpha-$ 构型的麦芽糖转变为 $\beta-$ 构型，故名 $\beta-$ 淀粉酶。

因此，$\beta-$ 淀粉酶不能使淀粉分子迅速变小，不易使淀粉的黏度下降，糊精化的程度也参差不齐，作用过程中的碘显色反应也只能由深蓝变浅蓝，通常不会变为红色或无色。

$\beta-$ 淀粉酶是啤酒酿造、饴糖制造的主要糖化剂，利用诸如多黏芽孢杆菌、巨大芽孢杆菌等微生物产生的 $\beta-$ 淀粉酶糖化已经酸化或 $\alpha-$ 淀粉酶液化后的淀粉原料，可以生产麦芽糖含量 $60\%\sim70\%$ 的高麦芽糖浆。

（2）来源　$\beta-$ 淀粉酶广泛存在于大麦、麸皮、甘薯等高等植物中以及巨大芽孢杆菌、多黏芽孢杆菌、吸水链霉菌及某些假单胞杆菌等微生物中。

（3）作用条件　$\beta-$ 淀粉酶是一种耐热性能较差、作用较缓慢的糖化型淀粉酶，可耐酸。其作用的适温为 $60\sim62℃$，适宜 pH 为 $5.0\sim5.3$。

5．麦芽糖酶

（1）作用方式　麦芽糖酶又名 $\alpha-$ 葡萄糖苷酶。此酶能将麦芽糖迅速分解为 2 个葡萄糖。它可以从低聚糖类底物的非还原性末端切开 $\alpha - 1$，4 - 糖苷键，释放出葡萄糖，或将游离出的葡萄糖残基以 $\alpha - 1$，6 - 糖苷键转移到另一个底物上，从而得到非发酵性的低聚异麦芽糖、糖脂或糖肽。

α - 葡萄糖苷酶在淀粉加工工业中可以用作糖化酶制剂，与 α - 淀粉酶一起生产高葡糖浆。酿酒生产上认为，麦芽糖酶对酒精发酵影响较大，麦芽糖酶活力越高，则酒精发酵率越高。

（2）来源　麦芽糖酶存在于大麦芽中，酵母菌及大多曲霉中也均含有此酶，其含量高低按菌种而异。

（3）作用条件　酵母菌的麦芽糖酶最适作用温度为 40℃，最适 pH 为 6.75 ~ 7.25；曲霉的麦芽糖酶最适作用温度为 47 ~ 55℃，最适 pH 为 4.0。

6. 转移葡萄糖苷酶

转移葡萄糖苷酶大多是由黑曲霉产生的。主要作用是将糖液中已游离出来的葡萄糖，转移至另一分子葡萄糖或麦芽糖分子的 $\alpha - 1$，6 位上，生成非发酵性的异麦芽糖或潘糖等低聚糖，这是一种不利于白酒发酵的酶，致使出酒率下降。

在筛选制取麸曲等的糖化酶菌种时，应尽可能地挑选产这种酶最少的菌株。

7. 磷酸酯酶

该酶能将磷酸与醇式羟基结合成酯的磷酸糊精水解成葡萄糖，并释放出磷酸，使原来不能被酵母菌等直接利用的有机磷得以利用。此酶还具有极明显的液化力。

磷酸酯酶的最适作用温度为 57℃左右，最适 pH 为 5.5 ~ 6.0。黑曲霉等微生物能产此酶。

（二）纤维素酶类

纤维素酶类包括纤维素酶和半纤维素酶。

1. 纤维素酶

（1）作用方式　纤维素酶是指能水解纤维素的 $\beta - 1$，4 - 葡萄糖苷键的酶，它能使纤维素变为纤维二糖和葡萄糖。微生物产生的纤维素酶是几种酶的混合物，至少包括 C1 酶（内切葡聚糖酶）、Cx 酶（外切葡聚糖酶）和 $\beta - 1$，4 - 葡萄糖苷酶，但不仅仅这三种酶。C1 酶作用于不溶性纤维素表面，使结晶纤维素链裂开、长链纤维素分子末端部分游离，变为短链纤维素，从而使纤维素链易于水化。Cx 酶作用于经 C1 酶催化的纤维素，分解 $\beta - 1$，4 - 糖苷键。前者是从高分子聚合物内部任意位置切开 $\beta - 1$，4 - 键，主要生成纤维二糖、纤维三糖等。后者作用于低分子多糖，从非还原性末端游离出葡萄糖。β - 葡萄糖苷酶可进一步将纤维二糖、纤维三糖及其他低聚糖分解为葡萄糖。纤维素的酶解机理如下所示。

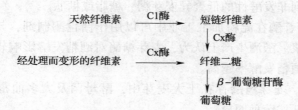

纤维素酶将纤维素分解至葡萄糖，在理论上是可以实现的，但由于纤维素与果胶、半纤维素等成分交织在一起，处于高度不溶于水的状态，故很难被纤维素酶接触而分解。另外，在实际生产中应用的某些纤维素酶，大多含有半纤维素酶，当其作用于细胞壁时，会使细胞裂解，因而细胞内容物得以被较充分地利用，故提高了出酒率。通常，制酒的谷类、麸皮、薯干等原料，经纤维素酶处理后，由于细胞破裂，易于蒸煮，原料利用率得以提高。

（2）来源　细菌、放线菌、霉菌等微生物能产生纤维素酶，以霉菌为主，尤其是绿色木霉、黑曲霉、青霉及根霉。木霉产生的纤维素酶活力最强，其中包括 C1 酶、Cx 酶、纤维二糖酶及淀粉酶等酶；黑曲霉产的纤维素酶中，尚含有较多的淀粉酶、果胶酶和蛋白酶。市售的商品纤维素酶制剂中，一般含有半纤维素酶等酶类。

纤维素酶也是一种诱导酶，可采用固态麸曲法培养、产酶。

（3）作用条件　纤维素酶作用的适温为 $40 \sim 50℃$，高于 $60℃$ 时，酶会迅速钝化；最适 pH 为 $4.0 \sim 5.0$。纤维素酶的反应产物，包括纤维二糖，都是酶作用的抑制剂；Cu^{2+} 及 Hg^{2+} 会抑制某些纤维素酶的活力。

2. 半纤维素酶

半纤维素是一种杂聚多糖化合物，它与纤维素同属于多糖类。但纤维素由葡萄糖苷组成，是由 $\beta - D -$ 葡萄糖以 $\beta - 1,4 -$ 葡萄糖苷键相联的，无支链；半纤维素则由 2 种或 2 种以上的单糖构成，且具有支链。其相对分子质量低于纤维素，化学稳定性也小于纤维素，水解产物为木糖、葡萄糖、阿拉伯糖、甘露糖、半乳糖、糖醛酸等。

半纤维素酶包括昆布多糖酶、内木聚糖酶、外木聚糖酶及阿拉伯糖苷酶等，半纤维素可在细菌和真菌中产生，如昆布多糖酶，可由霉菌产生，可内切水解 $\beta -$ 葡聚糖的 $1,3$ 键或 $1,4$ 键。其作用温度在低于 $60℃$ 时，很稳定，短时间内作用可达 $70 \sim 80℃$；最适 pH 为 $4 \sim 5$。

（三）蛋白酶类

蛋白酶按其作用的不同 pH 可分为酸性蛋白酶、中性蛋白酶及碱性蛋白酶。与白酒生产有关的主要为酸性蛋白酶、中性蛋白酶及介于两者之间的酸中性蛋白酶。

1. 酸性蛋白酶

因该酶的作用最适 pH 在 2 ~ 5，故名酸性蛋白酶。该酶与动物的胃蛋白酶和凝乳酶的性质相似，在 pH 升高时酶活力很快丧失。

能产该酶的微生物主要为米曲霉、黑曲霉和根霉等。

2. 中性蛋白酶

该酶的最适作用 pH 为 7 左右，45 ~ 50℃时酶活力最高。

不少细菌和霉菌都能产中性蛋白酶，如枯草芽孢杆菌、蜡状芽孢杆菌及米曲霉、灰色链霉菌、栖土曲霉等。

最适作用 pH 为 5 ~ 7 的酸性中性蛋白酶，其主要产生菌为曲霉菌。

（四）脂肪酶

脂肪酶也称甘油酯水解酶，能够逐步地将甘油三酯水解成甘油和脂肪酸，分解的部位是油脂的酯键。该酶是一种特殊的酯键分解酶，它可作用于甘油三酯的酯键，使甘油三酯降解为甘油二酯、单甘油酯、甘油和脂肪酸。

酿酒原料在生产过程中，其中的脂肪经脂肪酶分解所得的部分甘油酯、脂肪酸及甘油等，可进一步参与生成乙酸乙酯等白酒风味物质。

脂肪酶在微生物中有广泛的分布，其产生菌主要是霉菌和细菌，如黑曲霉、白地霉、毛霉、荧光假单胞菌、无根根霉、圆柱形假丝酵母、耶尔球拟酵母、德氏根霉、多球菌及黏质色杆菌等。

（五）酵母菌胞内酶

直接参与白酒发酵的酵母菌细胞内的酶有十几种。其中最主要的是酒化酶、杂醇油生成酶及酯化酶。

酒化酶是指参与葡萄糖发酵为酒精和 CO_2 的各种酶和辅酶的总称，主要包括己糖磷酸化酶、氧化还原酶、烯醇化酶、脱羧酶、磷酸酶及乙醇脱氢酶等。酒化酶的作用温度为 30℃左右，最适 pH 为 4.5 ~ 5.5。

杂醇油生成酶包括脱氨酶、脱羧酶及还原酶等。酯化酶包括酰基辅酶 A 及醇酸缩合酶等。

酯化酶是脂肪酶、酯合成酶、酯分解酶、磷酸酯酶的统称，可将酸与醇催化合成酯类，包括合成己酸乙酯、乙酸乙酯、乳酸乙酯、丁酸乙酯等白酒酯类物质。白酒生产中多应用乙酸乙酯合成酶及己酸乙酯合成酶，浓香型大曲酒中的己酸乙酯、乳酸乙酯、乙酸乙酯及丁酸乙酯的含量占总酯含量的 95% 以上，其中己酸乙酯含量可达 49%。浓香型白酒中己酸乙酯的含量及其与其他 3 种酯的比例，决定了成品酒的质量。

（六）其他酶类

1．单宁酶

单宁酶即单宁酰基水解酶，又称鞣酸酶。这是一种对带有 2 个苯酚基的酸（如鞣酸）具有分解作用的酶。其分解产物为没食子酸及葡萄糖。

产生单宁酶的微生物大多为霉菌，如黑曲霉及米曲霉等。

2．果胶酶

果胶酶是分解果胶质的多种酶的总称。可分为解聚酶及果胶酯酶两大类，解聚酶催化果胶解聚，果胶酯酶催化果胶分子中酯水解。

果胶酶是从根霉中提取的，使细胞间的果胶质降解，把细胞从组织内分离出来，因此果胶酶是水果加工中最重要的酶，应用果胶酶处理破碎果实，可加速果汁过滤，提高果蔬果汁的出汁率，增加澄清度。

二、白酒生产中的酶类状况

白酒生产中酶的种类及其活力，与菌系、原料、生产条件等许多因素密切相关，在以天然微生物进行开放式制曲和发酵的情况下，酶状况的相对稳定性较差，产品的优质品率也相对较低。

（一）曲中的酶类状况

1．大曲

大曲中的微生物主要包含霉菌、细菌、酵母菌及放线菌四大类，不同曲中酶的状况与微生物密切相关。例，黑曲霉的 α - 淀粉酶和蛋白酶活力不强，而糖化酶活力较强，并含有果胶酶及单宁酶等；米曲霉的 α - 淀粉酶及蛋白酶活力较强，但糖化酶活力较低；白曲霉则介于黑曲霉与米曲霉之间。

很多大曲的培养温度较高，不适于霉菌和酵母菌的生长和产酶，低温阶段形成的一些酶进入较高温阶段后也损失不少。因此，在发酵中需要添加一些酶和酵母等酶源。较高的温度下，耐热的芽孢杆菌等细菌则能够产生相应的酶，同时形成一些特殊的成分，为以后的发酵产香准备了条件。

2．小曲

小曲中的主要霉菌——根霉能产生多种淀粉酶，也含有少量酒化酶；其酵母菌含量多于大曲。但由于其用量较小，故在发酵时也有外加酶源的必要。

3．麸曲及液体曲

麸曲及液体曲培养时采用人工菌种黑曲霉，霉菌虽能产若干种酶，但对于要求具有复合香气的白酒而言较单纯，故在发酵时也有必要外加一些酶或含酶并能继续产酶的活菌体。

（二）窖泥中的酶类状况

窖泥中的微生物和酶系很复杂。

酸性及碱性磷酸酯酶活力，自表层至底层逐渐降低，中性磷酸酯酶活力各层窖泥差别不太明显，但基本上也是上高下低，且酶活力均较低。

蛋白酶的活力，与窖泥中的总氮及碱性氮的变化规律相吻合，自表层至底层逐渐降低，且窖底高于窖壁。

脲酶活力变化规律同上。

过氧化氢酶自表层向底层逐渐升高。

蔗糖酶的活力不强，且各层窖泥变化不明显。

表层0～3cm的窖泥层的质量至关重要。故若表层窖泥呈现退化现象而影响酒质时，应及时采取有效措施予以补救。

（三）白酒发酵过程中酶的状况

白酒发酵中已使用的外加酶有糖化酶、蛋白酶、酯化酶及纤维素酶。

糖化酶加快了前醅的糖化、发酵升温速度，并大幅度地降低了成品酒中乳酸乙酯的含量，且乙酸乙酯的含量也得以提高，成品酒的口味也明显改善，出酒率比原工艺提高39%。

纤维素酶提高出酒率，应用于固态发酵能提高酒精产率14%。应用于液态发酵出酒率提高3.24%，发酵周期比原工艺缩短1/6。

大曲中的蛋白酶活力强，则酒中的杂醇油成分含量高，酯类含量也较高。这与蛋白酶使蛋白质变为氨基酸，氨基酸又变为杂醇油，以及氨基酸有利于产酯菌的生长有关。

✔ 课后练习

一、名词解释

酶、多酶复合物、必须基团、酶的专一性、酶促反应、活化能。

二、简答题

1．简述酶的催化特性，酶分为哪几大类？

2. 简要说明酶的专一性及其催化机理。

3. 酶促反应的影响因素有哪些？如何影响酶促反应速度？

三、论证题

1. 论述酶在发酵工业上的应用。

2. 什么是糖化酶？在酿酒生产中有什么作用？

3. 说明白酒生产中主要的酶及其作用。

技能训练9 淀粉酶活性的测定

一、实验目的

学习并掌握淀粉酶活性测定的原理和方法，熟悉 α, β - 两种淀粉酶的理化特性。

二、实验原理

淀粉酶能催化淀粉水解为麦芽糖。植物中淀粉酶有两种，各有其不同的理化特性。α - 淀粉酶耐热不耐酸，70℃加热15min仍保持其活性，pH < 3.6 时钝化；而 β - 淀粉酶耐酸不耐热，70℃加热15min则钝化。据此钝化其中之一，即可测出另一种酶的活性。

采用加热法钝化 β - 淀粉酶，测定 α - 淀粉酶的活性。具体方法是利用 3，5 - 二硝基水杨酸比色法来测定淀粉酶水解生成的麦芽糖的含量，以单位时间淀粉酶分解生成麦芽糖的量来表示淀粉酶活性的大小。

三、实验材料和器具

1. 材料

发芽小麦种子或发芽水稻种子。

2. 试剂

0.4mol/L NaOH；1% 淀粉；3，5 - 二硝基水杨酸；麦芽糖标准溶液（1mg/mL）；0.1mol/L pH 5.6 的柠檬酸缓冲液。

3. 仪器

可见分光光度计、恒温水浴锅、离心机、刻度试管。

四、实验步骤

1. 麦芽糖标准曲线的制作

取5支干净的具塞刻度试管，编号，按表1加入试剂。以1号管作为空白调零点，在540nm波长下比色测定光密度。以麦芽糖浓度（mg/mL）为横坐标，A_{540nm} 为纵坐标，绘制标准曲线。

表1　麦芽糖标准曲线制作

试剂	管　号				
	1	2	3	4	5
麦芽糖标准液/mL	0	0.5	1.0	1.5	2.0
蒸馏水/mL	2.0	1.5	1.0	0.5	0
麦芽糖含量/（mg/mL）	0	0.25	0.5	0.75	1.0
3，5－二硝基水杨酸/mL	2.0	2.0	2.0	2.0	2.0
	沸水浴5min，流水冷却，蒸馏水定容至20mL，摇匀，测定540nm处吸光度				
吸光度值					

2. 酶液的制备

称取1.0g萌发的小麦种子于研钵中，加2mL水及少许石英砂，研成匀浆，转入离心管用6mL蒸馏水分三次洗涤研钵，均转入离心管用玻璃棒搅动20min，4000r/min离心10min，取上清液转入50mL容量瓶定容，此提取液为淀粉酶原液，用于α-淀粉酶活性和淀粉酶总活力测定。

3. α-淀粉酶活性的测定

（1）取两支试管，一支对照，一支测定，各加淀粉酶原液1mL，在70℃准确加热15min，冷却后向对照管加4mL，0.4mol/L NaOH，终止酶活性。

（2）向各管中均加入柠檬酸缓冲液1mL。

（3）测定管和对照管于40℃水浴15min，均加入2mL 40℃预热的淀粉，立即40℃水浴保温5min，取出后迅速向测定管加入4mL 0.4mol/L NaOH。

（4）取对照管和测定管中溶液各2mL，分别加入到刻度试管中，各加2mL 3，5－二硝基水杨酸，沸水浴5min后冷却，稀释至20mL刻度，混匀。以制作麦芽糖标准曲线的1号试管为参比溶液，调"零"，测定540nm处吸光度，记录结果。

4. 淀粉酶总活力的测定

（1）取两支试管，一支对照，一支测定，向对照管加4mL 0.4mol/L NaOH，以钝化酶的活性。

（2）向各管中均加入柠檬酸缓冲液1mL。

（3）测定管和对照管于40℃水浴15min，均加入2mL 40℃预热的淀粉，立即40℃水浴保温5min，取出后迅速向测定管加入4mL 0.4mol/L NaOH。

（4）取对照管和测定管中溶液各2mL，分别加入到刻度试管中，各加2mL

3，5－二硝基水杨酸，沸水浴 5min 稀释至 20mL 刻度，混匀。以制作麦芽糖标准曲线的 1 号试管为参比溶液，调"零"，测定 540nm 处吸光度，记录结果。

五、实验结果与计算

$$\alpha - 淀粉酶活力 \left[麦芽糖毫克数/ （样品鲜重 \cdot 5min） \right] = （A_2 - A_1） \times V \times D \div W$$

式中　A_2——测定试管中 α－淀粉酶水解淀粉生成麦芽糖的浓度，mg/mL

　　　　A_1——对照管中麦芽糖的浓度，mg/mL

　　　　V——酶促反应体积

　　　　D——酶液总体积

　　　　W——样品鲜重

$$（\alpha + \beta） 淀粉酶总活性 \left[麦芽糖毫克数/ （样品鲜重 \cdot 5min） \right] =$$
$$（B_2 - B_1） \times V \times D \div 样品鲜重$$

式中　B_2——（$\alpha + \beta$）淀粉酶水解淀粉生成麦芽糖的浓度，mg/mL

　　　　B_1——对照管中麦芽糖的浓度，mg/mL

　　　　V——酶促反应体积

　　　　D——酶液总体积

$$\beta - 淀粉酶活力 = （\alpha + \beta） 淀粉酶总活性 - \alpha - 淀粉酶活性$$

技能训练10　酶活性影响因素实验

一、实验目的

通过实验加深对酶性质的认识，进一步了解影响酶活力的因素。

二、实验原理

氯离子为唾液淀粉酶的激活剂，铜离子为其抑制剂，激活剂和抑制剂不是绝对的，有些物质在低浓度时为某种酶的激活剂，而在高浓度时则为该酶的抑制剂，如氯化钠达到约 30% 浓度时可抑制唾液淀粉酶的活性，酶促反应中，温度和 pH 对酶活力都有影响。

α－淀粉酶属水解酶，作为生物催化剂可随机作用于直链淀粉分子内部的 $\alpha - 1，4 -$ 糖苷键，迅速地将直链淀粉分子切割为短链的糊精或低聚糖，使淀粉的黏度迅速下降，淀粉与碘的反应逐渐消失。

本实验通过 α－淀粉遇碘显蓝色，糊精按其分子质量的大小遇碘显紫蓝、紫红、红棕色，较小的糊精（少于 6 个葡萄糖单位）遇碘不显色的呈色反应，来追踪 α－淀粉酶作用于淀粉基质的水解过程，从而了解酶的性质以及影响因素。

三、激活剂和抑制剂对唾液淀粉酶活力的影响

1. 试剂及材料

（1）1:30 唾液淀粉酶配制　用蒸馏水漱口，1min 后收集唾液，以 1:30 倍

蒸馏水稀释。

（2）0.2% 可溶性淀粉　称取可溶性淀粉 0.2g，预加 20mL 蒸馏水调匀，然后倒入 80mL 沸水中，继续煮沸至溶液透明，冷却后补水至 100mL。

（3）1% NaCl 溶液　称取 1.0g 氯化钠，加水溶解稀释至 100mL。

（4）1% CuSO₄ 溶液　称取 1.0g 硫酸铜，加水溶解稀释至 100mL。

（5）标准稀碘液　称取 11g 碘，22g 碘化钾，置研钵中，加入适量的水研磨至碘完全溶解，并加水稀释定容至 500mL。吸取 2mL 上述碘液，加入 10g 碘化钾，用水稀释至 500mL。

2. 仪器设备

电热恒温水浴锅。

3. 操作方法

取试管 3 根，编号后按表 1 配制实验样液。

表1　激活剂、抑制剂对唾液淀粉酶活力影响实验设计

试管序号	0.2%可溶性淀粉	1% NaCl	1% CuSO₄	蒸馏水	混匀，放入37℃水浴中保温10min。立即加入唾液淀粉酶	1∶30唾液淀粉酶
1	2.0mL	1.0mL	—	—		1.0mL
2	2.0mL	—	1.0mL	—		1.0mL
3	2.0mL	—	—	1.0mL		1.0mL

用点滴管并不断从试管中吸取样液于比色白瓷板，用稀碘液检验试管内淀粉被淀粉酶水解的程度，记录各试管内样液遇碘不显蓝色的先后顺序，解释实验现象的原因。

四、温度与 pH 对 α－液化淀粉酶活力的影响

1. 试剂与材料

（1）2% 可溶性淀粉溶液　称取可溶性淀粉 2.0g（预先在 105℃烘干），预加 20mL 蒸馏水调匀，然后倾入 80mL 沸水中煮沸至溶液透明，冷却后定容至 100mL。

（2）pH4.0、5.0、6.0、7.0、8.0 磷酸氢二钠－柠檬酸缓冲溶液。

① 0.2mol/mL Na₂HPO₄：称取 35.60g Na₂HPO₄·2H₂O，用水溶解定容至 100mL。

② 使用酸度计，用柠檬酸调整至所需的 pH。

（3）供试酶液的制备　称取固体 α－液化淀粉酶 1.00g，加入 pH6.0 磷酸

氢二钠－柠檬酸缓冲溶液100mL（缓冲液的加入量视酶活力大小而定，控制酶解反应在5~10min内完成），于40℃恒温水浴中活化0.5h，然后用3000r/min离心机离心分离5min，酶提取液于冰箱保存，供试验用。

（4）标准比色液

甲液：称取氯化钴（$CoCl \cdot 6H_2O$）40.2439g、干燥重铬酸钾0.4748g，溶解并定容至500mL。

乙液：称取铬黑T 40.00mg，溶解并定容至100mL。

使用时取甲液40.0mL、乙液5.0mL，混合。混合比色液宜放置冰箱保存，使用7d后重新配制。

（5）标准稀碘液。

2. 仪器设备

电热恒温水浴锅。

3. 操作方法

（1）用滴管吸取一定量标准比色液于白瓷比色板孔穴中，作为判断酶解反应终点的标准色。

（2）不同温度对α－液化淀粉酶活力的影响

取4根Φ25mm×200mm试管，按表2配制反应溶液。

表2 温度对α－液化淀粉酶活力影响实验设计

试管序号	1	2	3	4
2%可溶性淀粉	20.0mL	20.0mL	20.0mL	20.0mL
pH6.0缓冲液	5.0mL	5.0mL	5.0mL	5.0mL
把四根试管分别放入50℃、60℃、70℃、80℃恒温水浴中预热10min				
分别加供试酶液	0.5mL	0.5mL	0.5mL	0.5mL
反应完成时间记录/min	50℃	60℃	70℃	80℃

加入供试酶液后，立即用秒表或手表计时，充分摇匀，定时用点滴管从各反应试管中分别吸取12滴反应液，滴入预先盛有2/3稀碘液的白瓷比色板孔穴内，从淀粉遇碘显色的变化情况，跟踪淀粉在淀粉酶作用下被水解的过程，当穴内颜色反应由紫色逐渐变为红棕色，与标准比色液的颜色相同时，即达反应终点，记录酶解反应完成所需时间。

（3）不同pH对α－液化淀粉酶活力的影响。

取5根Φ25mm×200mm试管，按表3配制反应溶液。

表3 pH 对 α-液化淀粉酶活力影响实验设计

试管序号	2%可溶性淀粉	缓冲溶液		供试酶液	反应完成时间记录/min
1	20mL	pH4.0 5.0mL		0.5mL	
2	20mL	pH6.0 5.0mL	恒温水浴60℃预热10min	0.5mL	
3	20mL	pH7.0 5.0mL		0.5mL	
4	20mL	pH8.0 5.0mL		0.5mL	

其他操作与温度对酶活力影响实验相同。

五、结果计算和讨论

淀粉酶活力单位定义为在一定条件下，1g 酶制剂 1h 内液化可溶性淀粉的克数。

$$酶活力单位（U/g）= \frac{60}{t} \times 20 \times 0.02 \times \frac{1}{0.5} \times n$$

式中 20——可溶性淀粉的用量，mL

t——酶解反应完成所需的时间，min

0.5——测定时稀释酶液用量，mL

0.02——可溶性淀粉溶液的浓度，g/mL

n——酶制剂稀释倍数

1. 不同温度对 α-液化淀粉酶活力影响的结果记录

表4 温度对 α-液化淀粉酶活力影响实验结果

实验结果	50℃	60℃	70℃	80℃
酶活力/（U/g）				

2. 不同 pH 对 α-液化淀粉酶活力影响的结果记录

表5 pH 对 α-液化淀粉酶活力影响实验结果

实验结果	pH4.0	pH6.0	pH7.0	pH8.0
酶活力/（U/g）				

分别以 pH、温度为横坐标，以酶活力单位为纵坐标，绘制 pH-酶活力单位、温度—酶活力单位图。讨论分析实验结果。

模块六　白酒生产原料处理、制曲、糖化阶段中的物质变化

模块描述

　　白酒生产从原料到成品过程包括原料浸润、蒸煮、制曲、糖化发酵、蒸馏以及贮藏，每个过程都会发生许多物质变化，本模块主要认识白酒生产过程中原料浸润蒸煮阶段、制曲阶段、糖化阶段的物质变化。

知识目标

1. 熟练掌握白酒生产原料浸润及蒸煮过程中的物质变化。
2. 了解白酒生产制曲及制酒母过程中的物质变化。
3. 认识白酒生产糖化阶段的物质变化。
4. 理解白酒生产中物质变化与酿酒生产的联系。
5. 具备淀粉糊化度测定能力。

我国白酒生产工艺流程如下：

原料处理→配料→蒸煮→糖化发酵→蒸馏→贮存→勾兑→检验→灌装

1. 原料处理

原料要求清洁去杂、粉碎（包括曲药），无虫、无霉、无杂、无异味、干燥适宜，粒度适中。辅料要求良好的吸水性和骨力，适当的自然颗粒度，新鲜、干燥、无杂、无霉味、不含或少含营养物质和果胶质等。

2. 配料

按比例混合不同原料、辅料、水等，为糖化和发酵打好基础。配料比例的确定根据酒甑、窖池大小，原粮淀粉含量、温度、工艺、发酵时间等确定。

生产上常有"高粱产酒香、玉米产酒甜、大米产酒净、糯米产酒绵、小麦产酒糙"的说法，多种原料酿造使酒中各微量成分比例得当，是形成口感丰富

的物质基础。

3. 蒸煮

蒸煮即将原辅料上酒甑蒸煮，使原料淀粉充分糊化，有利于淀粉酶的作用，同时可以杀死杂菌。蒸煮的温度和时间视原料种类、破碎程度等而定。一般常压蒸料 20 ~ 30min。蒸煮的要求为外观蒸透，熟而不黏，内无生心即可。

将原料和发酵后的酒醅混合，蒸酒和蒸料同时进行，称为"混蒸混烧"，前期以蒸酒为主，甑内温度要求 85 ~ 90℃，蒸酒后，应保持一段糊化时间。若蒸酒与蒸料分开进行，称之为"清蒸清烧"。

4. 糖化发酵

将蒸煮后的原辅料，冷却后加入曲药，封窖发酵，在一定的温度下，糊化的原料和各种微生物进行复杂的生化反应，此过程称为糖化发酵。发酵过程中除产生酒精外，还产生各种白酒风味物质。

不同窖池、不同曲药、不同发酵方式，将产生不同风格、滋味、香型的白酒，生产上有"生香靠发酵"的说法。

5. 蒸馏

发酵成熟的醅料称为酒醅，即发酵后还未过滤的酒，比如白酒经过发酵而没有蒸馏的酒糟，一般指固态或压榨酒液后没有经过蒸馏的固体物料。它含有极复杂的成分。将酒醅入甑蒸馏，通过蒸馏把醅中的酒精、水、高级醇、酸类等有效成分蒸发为蒸汽，再经冷却即可得到白酒。"提香靠蒸馏"，蒸馏时应尽量把酒精、芳香物质、醇甜物质等提取出来，并利用掐头去尾的方法尽量除去杂质，蒸汽压、温度、流酒速度是影响蒸馏的关键，生产上讲究"掐头去尾""分段摘酒"。

酒醪是指米酒一类液态发酵没有经过蒸馏的酒汁，含有固体物料。

6. 贮存

新蒸馏的酒含有醛、酸、高级醇等，有刺激味、辛辣味等异杂味，口感不醇和，必须经过贮存一定时间，排除异杂味，促使酒熟化，呈现各种香型，不同香型的酒有不同的贮存时间，如浓香型白酒半年以上，酱香型白酒三年以上。

7. 勾兑

蒸馏白酒中，98% 左右是乙醇和水，其余的还有几百种微量成分，却决定了白酒的风格和品质。白酒的勾兑即酒的掺兑、调配，包括基础酒的组合和调味，是平衡酒体，使之形成和保持一定风格的专门技术。它是曲酒生产工艺中的一个重要环节，对于稳定和提高曲酒质量以及提高名优酒率均有明显作用。生产上先勾兑出小样，后放大调和为灌装样。

课题一　原料浸润及蒸煮过程中的物质变化

一、原料浸润中的物质变化

（一）固态发酵法白酒原料的润水

在各种白酒生产工艺中，大多要对原料进行润水，即将酿酒原料按规定加一定量的水或母糟，使其表面浸润便于糊化，这一工艺过程俗称润料。润料的目的是让原料中的淀粉颗粒充分吸收水分，为蒸煮时淀粉糊化，或直接生料发酵创造条件。

清香型白酒的清蒸清糁一般是把原料按一定比例加入热水，简单拌和、收堆，浓香型白酒一般采用母糟拌和的混蒸续糁法，当然也有采取酒尾、热水等润料的。润水的程度即加水比及润料时间的长短，由原料特性、水温、润料方法、蒸料方式及发酵工艺而定。如汾酒虽以水温90℃的高温润料，但因采用清蒸二次清工艺，故润料时间为18～20h；浓香型大曲酒的生产，以酸性的酒醅拌和润料，因淀粉颗粒在酸性条件下较易润水及糊化，又为多次发酵，故润料只需几小时。一般而言，热水高温润料更有利于水分吸收、渗入淀粉颗粒内部。

（二）小曲酒生产中大米浸洗时的物质变化

小曲酒生产中要对原料大米进行浸洗。在浸洗过程中除了使大米淀粉充分吸水为糊化创造条件外，同时还除去附于大米上的米糠、尘土及夹杂物。此外，在浸洗过程中大米中的许多成分因溶入浸米水而流失。

1. 洗米中的成分变化

主要流失淀粉、钾、磷酸及维生素。若间歇式水洗4次，则白米减重约2.3%，粗脂肪的65%、灰分的49%流失。

2. 浸米过程中米的成分变化

浸米时，米中的钾和磷酸最易溶出，洗米和浸米共溶出钾约50%。边浸边流1h，钾流失60%～70%，磷酸流失20%。浸米时，钠、镁、糖分、淀粉、蛋白质、脂质及维生素等，均有不同程度的溶出。相反，水中的钙及铁却被米粒吸着。

二、原料蒸煮中的物质变化

蒸煮的作用是利用高温使淀粉颗粒吸收水分、膨胀、破裂、糊化，以利于淀粉酶的作用，使大的淀粉分子容易被分解为小的葡萄糖分子，便于进一步发酵。蒸煮还能把原料上附着的野生菌杀死，并排除挥发性的不良成分。浓香型白酒系用混蒸法，即蒸酒蒸粮同时进行，因此，蒸煮除起到上述作用外，还可使熟粮中的"饭香"带入酒中，形成特有的风格。

生产上酒醅与粮食原料混蒸时，前期以蒸馏为主，甑内品温为 85～90℃，酒流尽后，则以蒸煮为主。应按原料的质地及粉碎程度决定蒸煮时间，熟料应"熟而不黏，内无生心"。

实际上，在原料蒸煮中，还会发生其他许多物质变化，对于续糟混蒸而言，酒醅中的成分也会对原料中的成分作用。因此，原料蒸煮中的物质变化也是很复杂的。

（一）糖类的变化

1. 淀粉的特性及其在蒸煮中的变化

（1）淀粉的特性

原料中的淀粉颗粒存在于细胞内，受到细胞壁的保护。淀粉颗粒实际上是与纤维素、半纤维素、蛋白质、脂肪、无机盐等成分交织在一起的。而淀粉颗粒本身，也具有抵抗外力作用的外膜，其化学组成相同于内层淀粉，但因其水分较少而密度较大，故强度也较大。原料粉碎时，部分植物细胞已经破裂，但大部分仍需经蒸煮才能破裂。

淀粉颗粒是由许多呈针状的小晶体聚集而成的，用 X 射线透视，生淀粉分子呈有规则的结晶构造。小晶体由一束淀粉分子链组成，而淀粉分子链之间，则由氢键联结成束。

$$淀粉分子链 \xrightarrow{氢键} 针状晶体 \xrightarrow{聚集} 淀粉颗粒$$

在显微镜下观察，淀粉颗粒呈透明状，具有一定的形状和大小。按照形状大体上可分为圆形、椭圆形和多角形。通常含水分高、蛋白质含量低的植物果实，其淀粉颗粒较大，形状也较整齐，多呈圆形或卵形。如白薯淀粉颗粒为圆形，结构较疏松，大小为 15～25μm；玉米淀粉颗粒呈卵形近似球形，也有呈多角形的，结构紧密坚实，其大小为 5～26μm；高粱的淀粉颗粒呈多角形，大小为 6～29μm。据测试，1kg 玉米淀粉约含 1700 亿个淀粉颗粒，而每个颗粒又由很多淀粉分子组成。

淀粉颗粒的大小与其糊化的难易程度有关。通常颗粒较大的薯类淀粉较易糊化；颗粒较小的谷物淀粉较难糊化。

（2）淀粉在蒸煮中的变化　在蒸煮过程中，随着温度升高，原料中的淀粉要顺次经过膨胀、糊化和液化等物理化学变化过程。在蒸煮后，随着温度的逐渐降低，糊化后淀粉还可能发生"老化"现象。同时，因为原料和酒曲中淀粉酶系的存在使得一小部分淀粉在蒸煮过程发生"自糖化"。

① 淀粉的膨胀

淀粉是亲水胶体，遇水时，水分子因渗透压的作用而渗入淀粉颗粒内部，使淀粉颗粒的体积和质量增加，这种现象称为淀粉的膨胀。

在淀粉颗粒的膨胀过程中，淀粉颗粒犹如一个渗透系统，其中支链淀粉起着半渗透膜的功能。渗透压的大小及淀粉颗粒的膨胀程度，则随水分的增加和温度的升高而增加。在 40℃ 以下，淀粉分子与水发生水化作用，吸收 20% ~ 25% 的水分，1g 干淀粉可放出 104.5J 热量；自 40℃ 起，淀粉颗粒的膨胀速度就明显加快。

② 淀粉的糊化：当温度达到 70℃ 左右，淀粉颗粒已膨胀到原体积的 50 ~ 100 倍时，各分子间的联系已被削弱而引起淀粉颗粒之间的解体，形成为均一的黏稠体。这时的温度称为糊化温度。这种淀粉颗粒无限膨胀的现象，称为糊化，或称淀粉的 α - 化或凝胶化，使淀粉具有黏性及弹性。

经糊化的淀粉颗粒的结构，由原来有规则的结晶层状构造，变为网状的非结晶构造。支链淀粉的大分子组成立体式网状，网眼中是直链淀粉溶液及短小的支链淀粉分子。

据有关学者发现，淀粉的糊化过程与初始的膨胀不同，它是个吸热过程，糊化 1g 淀粉需吸热 6.28kJ。

由于不同原料的淀粉结构、颗粒大小、疏松程度及水中盐分种类和含量的不同，加之任何一种原料的淀粉颗粒大小都不均一，故不宜采用具体糊化温度，而应从糊化开始到结束，确定一个糊化温度范围。例如玉米淀粉糊化温度范围为 65 ~ 75℃，高粱为 68 ~ 75℃，大米为 65 ~ 73℃。对粉碎原料而言，其糊化温度应比整粒者高些。因为粉碎原料中的糖类、含氮物及电解质等成分会降低水对淀粉颗粒的渗透作用，故使膨胀作用变慢。植物组织内部的糖和蛋白质等对淀粉有保护作用，故欲使糊化完全，则需更高的温度。

实际上，酿酒原料在常压下蒸煮时，只能使植物组织和淀粉颗粒的外壳破裂。但一大部分细胞仍保持原有状态；而在生产液态发酵法白酒时，当蒸煮酒醪液吹出锅时，由于压差而致使细胞内的水变为蒸汽才使细胞破裂。这种醪液称为糊化醪或蒸煮醪。

③ 液化：用于发酵的微生物中，有很大一部分不能直接利用淀粉、必须在发酵前把淀粉先转化成糖，即淀粉水解。而淀粉液化就是淀粉水解过程的第一步，当淀粉糊化后，若品温继续升至 130℃ 左右时，由于支链淀粉已几乎全部溶解，网状结构完全被破坏，故淀粉溶液成为黏度较低的易流动的醪液，这种

现象称之为液化或溶解。溶解的具体温度因原料不同而异，例如玉米淀粉为146～151℃。

淀粉糊化和液化过程中，最明显的是醪液黏度的变化。但糊化以前的黏度稍变不足为惧。即在品温升至35～45℃时，因淀粉受热吸水膨胀而醪液黏度略有下降；继续升温时，黏度缓慢上升；当温度升至60℃以上时，部分淀粉已开始糊化，随着直链淀粉不断地溶解于热水中，致使黏度逐渐增加；待品温升至100℃左右时，支链淀粉已开始溶解；温度继续上升至120℃时，淀粉颗粒已几乎全部溶解；温度超过120℃时，由于淀粉分子间的运动能增高，网状结构间的联系被削弱而破坏，断裂成更小的片段，醪液黏度则迅速下降。

糊化和液化现象是因为随着温度变化影响了氢键变化，氢键随温度升高而减少，故升温使淀粉颗粒中淀粉大分子之间的氢键削弱，淀粉颗粒部分解体，形成网状组织，黏度上升，发生糊化现象；温度升至120℃以上时，水分子与淀粉之间的氢键开始被破坏，故醪液黏度下降，发生液化现象。

淀粉在膨胀、糊化、液化后，尚有10%左右的淀粉未能溶解，须在糖化、发酵过程中继续溶解。

④ 熟淀粉的返生：淀粉的老化是指经过糊化的淀粉在室温或低于室温下放置后，会变得不透明甚至凝结而沉淀。老化是糊化的逆过程，实质是在糊化过程中，已经溶解膨胀的淀粉分子重新排列组合，形成一种类似天然淀粉结构的物质。经糊化或液化后的淀粉醪液，当其冷却至60℃时，会变得很黏稠，温度低于55℃时，则变为胶凝体，不能与糖化剂混合。若再进行长时间的自然缓慢冷却，则会重新形成结晶体。若原料经固态蒸煮后，将其长时间放置、自然冷却而失水，则原来已经被 α - 化的 α - 淀粉，又会回到原来的 β - 淀粉状。

这种现象称为熟淀粉的"返生""老化"或 β - 化。据试验，糖化酶对熟淀粉及 β - 化淀粉作用的难易程度，相差约5000倍。

老化现象的原理是淀粉分子间的重新联结，或者说是分子间氢键的重新建立。因此，为了避免老化现象，若为液态蒸煮醪，则应设法尽快冷却至65～60℃，并立即与糖化剂混合后进行糖化。若为固态物料，也应从速冷却，在不使其缓慢冷却且失水的情况下，加曲、加量水入池发酵。可将刚蒸好的米饭迅速脱水至白米的含水量，可防止老化。这种干燥后的米饭，称为 α - 米，即通常所说的方便米饭。当加入适量的水后即可复呈原来的米饭状态。

⑤ 自糖化：白酒的制曲及制酒原料中，也大多含有淀粉酶类。因此在蒸煮过程中也会出现淀粉被淀粉酶分解为糖的现象，称为自糖化。当原料蒸煮的温度升到50～60℃时，这些酶被活化，将淀粉分解为糊精和糖。例如甘薯主要含

有 β - 淀粉酶，故在蒸煮的升温过程中会将淀粉变为部分麦芽糖及葡萄糖。整粒原料蒸煮时，因糖化作用而生成的糖量很有限；但使用粉碎原料蒸煮时，能生成较多量的糖，尤其是在缓慢升温的情况下。

2. 糖的变化

白酒生产中的谷物原料的含糖量最高可达 4% 左右，在蒸煮时的升温过程中，原料的自糖化也产生一部分糖。这些糖在蒸煮过程中会发生各种变化，尤其是在高压蒸煮的情况下。

（1）己糖的变化

① 部分葡萄糖等醛糖会变成果糖等酮糖。

② 葡萄糖和果糖等己糖，在高压蒸煮过程中可脱水生成的 5 - 羟甲基糠醛，它很不稳定，会进一步分解成戊隔酮酸及甲酸。

$$
\begin{array}{ccc}
\text{CHO} & & \text{COOH} \\
| & & | \\
\text{CHOH} & & \text{CH}_2 \\
| & & | \\
\text{CHOH} & \text{HC} === \text{CH} & \text{CH}_2 + \text{HCOOH} \\
| & \quad\quad | \quad\quad | & | \\
\text{CHOH} \longrightarrow & \text{C} \quad\quad \text{C}-\text{CHO} \longrightarrow & \text{CO} \\
| & \text{H}_2\text{C} \quad \text{O} & | \\
\text{CHOH} & \quad | & \text{CH}_3 \\
| & \text{OH} & \\
\text{CH}_2\text{OH} & & \\
\end{array}
$$

己糖　　　　　5 - 羟甲基糠醛　　　　戊隔酮酸　甲酸

该反应是不可逆的，一部分 5 - 羟甲基糠醛缩合后，可生成棕黄色的色素物质。

（2）美拉德反应　由法国的 Mauap 于 1912 年首先发现，又称氨基糖反应。即己糖或戊糖在高温下可与氨基酸等低分子含氮物反应生成氨基糖，或称类黑精、类黑素，这是一种呈棕褐色的无定形物质。它不溶于水或中性溶剂，但能部分地溶于碱液。因其化学组成类似于天然腐殖质，故也称为人工腐殖质。

氨基糖与天然腐殖质中碳氢氧氮比例如表 6 - 1 所示。

表 6 - 1　氨基糖与天然腐殖质碳氢氧氮比

	C	H	N	O
氨基糖	58.85%	4.82%	4.35%	31.88%
天然腐殖质	56.10%	4.40%	4.90%	34.60%

氨基糖的生成，不是一个简单的凝聚反应，其反应过程很复杂。例如糖源为葡萄糖，则变化过程大致如下所示。

羰氨反应　Amadori 分子重排　烯醇式重排

$$H-C=O$$
$$H-C-OH$$
$$OH-C-H + RNH_2 \xrightarrow{-H_2O}$$
$$H-C-OH$$
$$H-C-OH$$
$$CH_2OH$$

葡萄糖

$$R-N$$
$$\parallel$$
$$H-C-N$$
$$H-C-OH$$
$$HO-C-H$$
$$H-C-OH$$
$$H-C-OH$$
$$CH_2OH$$

葡萄糖胺

$$R-N-H$$
$$CH_2$$
$$C=O$$
$$HO-C-H$$
$$H-C-OH$$
$$H-C-OH$$
$$CH_2OH$$

果糖胺

$$\xrightarrow{+\text{葡萄糖}}$$

双果糖胺

$$\xrightarrow{\text{分解}}$$

果糖胺　　3－脱氧葡萄糖酮醛

$$\xrightarrow{\text{脱水}}$$

$$\xrightarrow{\text{脱水}}$$

3－脱氧葡萄糖酮醛　　3，4－二脱氧葡萄糖酮醛　　5－羟甲基糠醛

　　己糖经上述一系列反应生成羟甲基糠醛等中间产物，戊糖则生成糠醛等中间产物。这些中间产物再继续与氨基酸等作用，进行一系列的聚合和缩合反应，最终生成氨基糖，反应式如下。

$$\left.\begin{array}{l}\text{己糖}\\\text{戊糖}\end{array}\right\} \longrightarrow \begin{array}{l}\text{糠醛}\\\text{羟甲基糠醛}\\\text{其他醛、酮类等中间产物}\end{array} \xrightarrow{+RNH_2\text{，聚合，缩合}} \text{氨基糖}$$

生成氨基糖的速度，因还原糖的种类、浓度及反应的温度、pH 而异。通

常五碳糖与氨基的反应速度高于六碳糖。在一定的范围内，反应温度越高、基质浓度越大，则反应速度越快。美拉德反应的最适温度为 $100 \sim 110℃$，pH 为 5。

若酒醅经水蒸气蒸馏将微量的氨基糖带入酒中，可能会起到恰到好处的呈香呈味作用；但生成氨基糖会影响发酵性糖及氨基酸含量，且氨基糖对淀粉酶和酵母的活力有抑制作用。据报道，若酒醅中的氨基糖含量自 0.25% 增至 1%，则淀粉酶的糖化力会下降 25.2%。

（3）焦糖的生成 当原料的蒸煮温度接近糖的熔化温度时，糖会失水而成黑色的无定形产物，称为焦糖。糖类中，果糖较易焦化，因其熔化温度为 $95 \sim 105℃$；葡萄糖的熔化温度为 $144 \sim 146℃$。

焦糖的生成，不但使糖分损失，且焦糖也影响糖化酶及酵母的活力。

蒸煮温度越高、醅的糖度越大，则焦糖生成量越多。焦糖化往往发生于蒸煮锅的死角及锅壁的局部过热处。

在生产中，为了降低类黑精及焦糖的生成量，应掌握好原料加水比、蒸煮温度及 pH 等各项蒸煮条件。

3. 纤维素和半纤维素变化

纤维素和半纤维素都是谷类原料细胞壁的主要成分。当蒸煮温度在 160℃ 以下，pH 为 $5.8 \sim 6.3$ 范围内，纤维素化学结构不发生变化，而只是吸水膨胀。

半纤维素的成分大多为聚戊糖及少量多聚己糖。当原料与酸性酒醅混蒸时，在高温条件下，聚戊糖会部分地分解为木糖和阿拉伯糖，并均能继续分解为糠醛。这些产物都不能被酵母所利用。多聚己糖则部分地分解为糊精和葡萄糖。

（二）含氮物质、脂肪及果胶的变化

1. 含氮物质的变化

原料蒸煮时，蛋白质发生凝固及部分变性，可溶性含氮量有所下降。当温度升至 $140 \sim 158℃$ 时，蛋白质发生胶溶作用，可溶性含氮量会增加，

酿酒原料蒸煮前期是蒸汽通过原料层，在颗粒表面结露成凝缩水；后期是凝缩水向米粒内部渗透，使淀粉 α-化及蛋白质变性。在高压蒸煮整粒谷物时，有 20% ~50% 的谷蛋白进入溶液，若为粉碎的原料，则比例会更大些。

2. 脂肪的变化

脂肪在原料蒸煮过程中的变化很小，即使是 $140 \sim 158℃$ 的高温，也不能使脂肪充分分解。据研究，在液态发酵法的原料高压蒸煮中，只有 5% ~10% 的脂类物质发生变化。

3. 果胶的变化

果胶由多聚半乳糖醛酸或半乳糖醛酸的甲酯化合物所组成，果胶质是原料细胞壁的组成部分，也是细胞间的填充剂。

果胶质中含有许多甲氧剂（R·COOCH$_3$），在蒸煮时果胶质水解，甲氧基会从果胶质中分离出来，生成甲醇和果胶酸，其反应式如下：

果胶质　　　　　　　　　　　　果胶酸　　　　　　甲醇

原料中果胶质的含量，因其品种而异。通常薯类中的果胶质含量高于谷物原料。温度越高，时间越长，由果胶质生成甲醇的量越多。

甲醇有毒，沸点为 64.7℃，易挥发易燃故在将原料进行固态常压清蒸时，可采取从容器顶部放气的办法排除甲醇。若为液态蒸煮，则甲醇在蒸煮锅内呈气态，集结于锅的上方空间，故在间歇法蒸煮的过程中，应每间隔一定时间从锅顶放一次废汽，使甲醇也随之排走。若为连续法蒸煮，则可将从汽液分离器排出的二次蒸汽经列管式加热器对冷水进行间壁热交换，在最后的后熟锅顶部排出的废汽，也应通过间壁加热法以提高料浆的预热温度。如此，可避免甲醇蒸气直接溶于水或料浆。

（三）其他物质变化

蒸料过程中，还有很多微量成分会分解、生成或挥发。例如由于含磷化合物分解出磷酸，以及水解作用生成一些有机酸，故使酸度增高。若大米的蒸饭时间较长，则不饱和脂肪酸减少得多；而醋酸异戊酯等酯类成分却增加。

物料在蒸煮过程中的含水量也是增加的。例如饭粒吸水率是指自浸渍前的白米至饭粒的总吸水率，通常为 35% ~ 40%，比蒸饭前浸过的米多 10%。

课题二　制曲及制酒母过程中的物质变化

一、酒曲

世界各国用谷物原料酿酒大多有两类方式，一类是以谷物发芽的方式，利用谷物发芽时产生的酶将原料本身糖化成糖分，再用酵母菌将糖分转变成酒精；另一类是用发霉的谷物，制成酒曲，用酒曲中所含的酶制剂将谷物原料糖化发酵成酒。中国的酒绝大多数是用酒曲酿造的。在经过强烈蒸煮的谷类原料中，移入曲霉的分生孢子，然后保温，原料上即茂盛地生长出菌丝就是酒曲，自古以来就用来制造酒、甜酒和豆酱等。酒曲酿酒是中国酿酒的精华所在。

酿酒加曲，是因为酒曲上生长有大量的微生物，主要是霉菌。还有微生物所分泌的酶（淀粉酶、糖化酶和蛋白酶等），酶具有生物催化作用，可以加速将谷物中的淀粉，蛋白质等转变成糖、氨基酸。糖分在酵母菌的酶的作用下，分解成乙醇，即酒精。

（一）酒曲分类

酒曲可以分为：麦曲，主要用于黄酒的酿造；小曲，主要用于黄酒和小曲白酒的酿造；红曲，主要用于红曲酒的酿造，红曲酒是黄酒的一个品种；大曲，用于蒸馏酒的酿造。而麸曲是现代才发展起来的用纯种霉菌接种以麸皮为原料的培养物。可用于代替部分大曲或小曲。目前麸曲法白酒是我国白酒生产的主要操作法之一，其白酒产量占总产量的 70% 以上。

大曲是以大麦、小麦为原料，有的配用豌豆等豆类原料，经粉碎加水压制成砖块状的曲坯，人为控制在一定的温度、湿度下培养而成的，大曲中长出的主要微生物以霉菌为主，酵母菌和细菌较少。霉菌中以根霉、毛霉、念珠霉为主。细菌有乳酸菌、醋酸菌、芽孢杆菌等。地理环境和工艺条件等不同，造成大曲中微生物种类和数量差异，生产出的酒也表现出不同风格。

小曲也称酒药、白药、酒饼等，用米粉或米糠为原料，添加少量中草药或辣蓼草，接种酒母，人工控制培养温度而制成的。可能是由于颗粒小，习惯上称为小曲。小曲是酿制黄酒和小曲白酒的糖化发酵剂，所含微生物主要有根霉、毛霉和酵母菌等，根霉的糖化力很强，并具有酒化酶的活力和边糖化边发酵的特征。比大曲产酒率高，但香气成分较单一。

（二）制曲原料要求

（1）要适于有用菌的生长和繁殖。必须有营养成分和适宜环境。

（2）适于产酶。制曲原料应含有较多量的淀粉，以及促进淀粉酶类形成的无机离子，应含有适宜的蛋白质。

（3）有利于酒质。大曲原料的成分及制曲过程中生成的许多成分，都间接或直接与酒质有关。制曲原料不宜含有较多的脂肪。

白酒大曲的原料，南方以小麦为主，用以生产酱香型及浓香型酒，北方生产清香型白酒，多以大麦和豌豆为原料。

小麦含淀粉量最高，富含面筋等营养成分，粘着力也较强，是各类微生物繁殖、产酶的优良天然物料。大麦粘结性能较差，皮壳较多。与豌豆共用，可使成曲具有良好的曲香味和清香味。大麦与豌豆的比例，通常以 3:2 为宜。

大曲的主要原料成分含量见表 6-2。

表 6-2 大曲的主要原料成分含量　　　　　　　　单位:%

名称	水分	粗淀粉	粗蛋白	粗脂肪	粗纤维	灰分
小麦	12.8	61.0~65.0	7.2~9.8	2.5~2.9	1.2~1.6	1.7~2.9
大麦	11.5~12.0	61.0~62.5	11.2~12.5	1.9~2.8	7.2~7.9	3.4~4.2
豌豆	10.0~12.0	45.2~51.5	25.5~27.5	3.9~4.0	1.3~1.6	3.0~3.1

小曲原料成分含量见表 6-3。

表 6-3 小曲原料成分含量　　　　　　　　单位:%

种类	水分	粗蛋白	粗脂肪	淀粉	纤维	灰分
脱脂糠	11.0	19.0	7.9	37.5	16.5	16.5
米粞	11.8	8.9	1.0	77.0	0.7	0.7

一般麸皮的成分含量见表 6-4。

表 6-4 一般麸皮的成分含量　　　　　　　　单位:%

水分	碳水化合物	淀粉	粗蛋白	粗脂肪	粗纤维	灰分	钙	磷
10~14	48~57	19~22	2~14	3~4	9~11	4~6	0.095	0.235

不同香型大曲酒大曲原料配比见表 6-5。

表 6-5 不同香型大曲酒大曲原料配比　　　　　　　　单位:%

酒名	小麦	大麦	豌豆	高粱
茅台酒	100	—	—	—
汾酒	—	60	40	—
泸州老窖特曲酒	90~97	—	—	3~10
五粮液	100	—	—	—
剑南春酒	90	10	—	—
古井贡酒	70	20	10	—
洋河大曲酒	50	40	10	—
全兴大曲酒	95	—	—	4
口子酒	60	30	10	—
西凤酒	—	60	40	—

二、制曲过程中的物质变化

在白酒生产曲坯的培养过程中，微生物在曲坯上生长繁殖，分泌酿造中至关重要的淀粉酶、蛋白酶等酶类，同时，还引起了基质的变化，合成了各种香味成分及其前体物质，构成了曲的特殊香味。

1. 蛋白质的降解

制曲过程中，微生物生长繁殖过程中分泌的蛋白酶类催化蛋白质降解为多肽、氨基酸。氨基酸在微生物的作用下，进一步降解为高级醇。高级醇与脂肪酸结合生成酯类。氨基酸与糖发生美拉德反应形成各种含氮化合物，这些成分构成了酒的香味主要物质。曲坯水分含量高有利于蛋白质降解，但水分过大，会造成杂菌滋生，蛋白质腐败，并使羧基破坏转化为胺类物质，曲坯质量下降。

2. 糖的进一步分解

在制曲过程中，淀粉降解为糖类，被微生物产生的酶进一步催化转为乙醇、乳酸、醋酸等物质，这些物质与醇发生酯化作用，形成酯类物质，使酒曲具有香味。

3. 酚类化合物变化

以小麦为原料的制曲过程中，菌丝生长到最旺盛时，酚类物质含量最好，阿魏酚占绝大部分，品温继续上升时，香草醛、香草酸大量生成，生成挥发性酚类，因此高温制曲有利于香味物质生成。

三、制酒母过程中的成分变化

酒母原指含有大量能将糖类发酵成酒精的人工酵母培养液，后来，人们习惯将固态的人工酵母培养物也称为固体酒母。因此酒母是由酿酒酵母、产酯酵母，以及细菌或霉菌等培养而成的液态、半固态或固态发酵剂。

据报道，日本的铃木昌治等人，以活性炭来吸附捕集米曲在培养过程中放出的气体，再加以萃取后，采用气相色谱及薄层层析法进行分析，证明这些挥发性的米曲香成分中有乙醇、正丙醇、异丁醇、正丁醇、异戊醇、正戊醇、正己醇、正辛醇、β–苯乙醇 9 种醇；乙酸乙酯、乙酸正丙酯、正丁酸乙酯、正己酸乙酯、己酸异丁酯、正己酸异戊酯、乳酸己酯、月桂酸乙酯、醋酸苯乙酯、琥珀酸二乙酯、反丁烯二酸二乙酯等 23 种酯；乙醛、丙醛、丙酮、异丁醛、正丁醛、双乙酰、正戊醛、正己醛、乙偶姻 9 种羰基化合物。

另有人将米曲霉、黑曲霉、棕曲霉、寄生曲霉、产黄青霉、橘青霉、绳状青霉、瑞氏青霉、纯绿青霉、交链孢霉、头孢霉、镰刀霉等接种于麸皮上培养 5d 后，采用低温减压蒸馏法获得挥发性成分，并以气相色谱、高压液相色谱、质谱及官能团化学反应等方法进行分析，证明这些挥发物的浓缩馏分中，有67%～97%是3-甲基丁醇、3-辛醇、1-辛烯-3-醇、2-辛烯-1-醇、1-辛醇及3-辛酮。还发现有辛烷、异丁醇、丁醇、乙酸丁酯、乙酸戊酯、乙酸辛酯、吡啶、己醇、壬酮、二甲基吡嗪、四甲基吡嗪、苯乙醛、丙烯苯及苯乙醇等14种痕量成分。

课题三　糖化过程中的物质变化

将淀粉经酶的作用生成糖及其中间产物的过程，称为糖化。

$$(C_6H_{10}O_5)_n + nH_2O \xrightarrow{\text{淀粉酶}} nC_6H_{12}O_6$$
$$\text{淀粉} \qquad \text{水} \qquad\qquad \text{葡萄糖}$$

除了液态发酵法白酒外，酒醅和酒醪中始终含有较多的淀粉。淀粉浓度的下降速度和幅度受曲的质量、发酵温度和生酸状况等因素的制约。若酒醅的糖化力高且持久、酵母发酵力强且有后劲，则酒醅升温及生酸酸度稳定、淀粉浓度下降快，出酒率也高。通常在发酵的前期和中期，淀粉浓度下降较快；发酵后期，由于酒精含量及酸度较高、淀粉酶和酵母活力减弱，故淀粉浓度变化不大。在扔糟中，仍然含有相当浓度的残余淀粉。

在白酒生产中，除了液态发酵法白酒是先糖化、后发酵外，固态或半固态发酵的白酒，均是糖化和发酵同时进行的。

糖化过程中的物质变化，以淀粉酶解为主，同是也有其他一系列的生物化学反应。

一、淀粉糖化过程中的物质变化

（一）淀粉的酶解及其产物

淀粉→糊精→寡糖→麦芽糖→葡萄糖

淀粉酶包括 α-淀粉酶、糖化酶、异淀粉酶、β-淀粉酶、麦芽糖酶、转移葡萄糖苷酶等多种酶。这些酶都同时在起作用，故产物除可发酵性糖以外，还有糊精及低聚糖等成分。其中转移葡萄糖苷酶还能将麦芽糖等低聚糖变为 α-1，6键、α-1，2键及 α-1，3键结合的低聚糖，它们不能被糖化酶分解，是非发酵性糖类；转移葡萄糖苷酶还能将葡萄糖与酒精结合，生成 α-乙基葡萄糖苷。

另外，酸性蛋白酶与 α-淀粉酶等协同作用，进行淀粉的糖化，这说明淀粉酶的作用也不是孤立进行的。

（二）淀粉酶解产物的特性

淀粉的分子式为 $(C_6H_{10}O_5)_n$，是由许多葡糖苷（1 个葡萄糖分子脱去 1 分子水）为基本单位连接起来的，可分为直链淀粉和支链淀粉两大类。凡是糯性的高粱、大米、玉米等的淀粉，几乎全是支链淀粉；而呈粳性的粮谷中，大约有 80% 是支链淀粉，20% 左右是直链淀粉。

糖化作用一开始，就生成中间产物及最终产物，但以中间产物为主。随着糖化作用的不断进行，碳水化合物的平均相对分子质量、物料黏度及比旋度等会逐渐降低；但还原性逐渐增强，对碘的呈色反应渐趋消失。通常，可溶性淀粉遇碘呈蓝色→蓝紫色→樱桃红色；淀粉糊精及赤色糊精遇碘也呈樱桃红色；变为无色糊精后的产物，遇碘时不再变色，即为呈黄的碘液色泽。理论上100kg 淀粉可生成 111.12kg 葡萄糖。

除液态发酵法白酒外，醅和醪中始终含有较多的淀粉。淀粉浓度的下降速度和幅度受曲的质量、发酵温度和升酸状况等因素的制约。若酒醅的糖化力高且持久、酵母发酵力强且有后劲，则酒醅升温及生酸速度较稳，淀粉浓度下降快，出酒率也高。通常在发酵的前期和中期，淀粉浓度下降较快；发酵后期，由于酒精含量及酸度较高、淀粉酶和酵母活力减弱，故淀粉浓度变化不大。在扔糟中，仍含有相当浓度的残余淀粉。淀粉糊精可沉淀于 40% 的酒精中，赤色糊精可用 65% 的酒精沉淀，无色糊精和寡糖则需 96% 的酒精才能沉淀。

淀粉酶解产物的若干特性见表 6-6。

表 6-6　淀粉酶解产物的若干特性

名称	相对分子质量	聚合度	比旋光度 $[\alpha]_D^{20}$	还原糖含量/%
可溶性淀粉	208000	1300	199.7	0.073
淀粉糊精	10000	61	196	0.5
赤色糊精	6000	38	194	2.5
无色糊精	3200	20	192	5.0
四糖	661	4	168	25
三糖	504	3	164	33
双糖（麦芽糖）	342	2	136	60
葡萄糖	180	1	52.5	100

1. 糊精

糊精是介于淀粉和低聚糖之间的酶解产物。无一定的分子式，呈白色或黄色无定形，能溶于水成胶状溶液，不溶于乙醚。淀粉酶解时，能产生如上所述的不同糊精，通常遇碘呈红棕色（或称樱桃红色），生成的无色糊精遇碘后不变色。

通常认为，糊精的分子组成是 10～20 个以上的葡萄糖残基单位；按其相对分子质量的大小，又有俗称为大糊精和小糊精之分，凡具有分支结构的小糊精，又称为 α - 界限糊精或 β - 界限糊精。

2. 低聚糖

人们对低聚糖定义说法不一。有说其分子组成为 2～6 个葡萄糖苷单位的，或说 2～10 个、2～20 个葡萄糖苷单位的；也有人认为它是二、三、四糖的总称；还有称其为寡糖的。但一般认为的寡糖是非发酵性的三糖或四糖。在转移糖苷酶的作用下，使 1 个葡萄糖苷结合到麦芽糖分子上形成 1, 6 键结合，成为具有 3 个葡萄糖苷单位的糖，称为潘糖。因其是我国学者潘尚贞在 1951 年首次发现的，故以此命名。但该糖不能与异麦芽糖混为一谈，因后者是具有 α - 1, 6 - 葡萄糖苷键结合的二糖，它也是淀粉的酶解产物。低聚糖以二糖和三糖为主。

凡是直链淀粉酶解至分子组成少于 6 个葡萄糖苷单位的低聚糖，都不与碘液起呈色反应。因每 6 个葡萄糖残基的链形成一圈螺旋，可以束缚 1 个碘分子。

3. 二糖

二糖又称双糖，是相对分子质量最小的低聚糖，由 2 分子单糖结合成。重要的二糖有蔗糖、麦芽糖和乳糖。1 分子麦芽糖经麦芽糖酶水解时，生成 2 分子葡萄糖；1 分子蔗糖经蔗糖酶水解时，生成 1 分子葡萄糖、1 分子果糖；1 分子乳糖经乳糖酶作用，生成 1 分子葡萄糖及 1 分子半乳糖。

4. 单糖

单糖是多羟基醇的醛或酮的衍生物，如葡萄糖、果糖等。单糖按其所含碳原子的数目又可分为丙糖、丁糖、戊糖和己糖。每种单糖都有醛糖和酮糖。葡萄糖经异构酶的作用，可变为果糖。

通常，单糖及双糖能被一般酵母所利用，是最为基本的可发酵性糖类。

白酒醅中还原糖的变化，微妙地反映了糖化与发酵速度的平衡程度。通常在发酵前期，尤其是开头几天，由于发酵菌数量有限，而糖化作用迅速，故还原糖含量很快增长至最高值；随着发酵时间的延续，因酵母等微生物数量已相对稳定，发酵力增强，故还原糖含量急剧下降；到发酵后期时，还原糖含量基本不变。发酵期间还原糖含量的变化，主要受曲的质量及酒醅酸度的制约。发酵后期醅中残糖的含量多少，表明发酵的程度和酒醅的质量。不同大曲酒醅的残糖也有差异。例如，清蒸清楂的大楂酒醅的淀粉浓度很高，发酵后酒醅中的残糖为 0.8% 左右；混蒸续楂发酵后的酒醅残糖可低至0.2% ~ 0.5%。

二、蛋白质、脂肪、果胶和单宁等成分的酶解

1. 蛋白质的酶解

蛋白质在蛋白酶类的作用下，水解为胨、多肽及氨基酸等中、低分子含氮物，为酵母菌等提供营养。

2. 脂肪的酶解

脂肪由脂肪酶水解为甘油和脂肪酸。一部分甘油是微生物的营养源；脂肪酸的一部分受曲霉及细菌的 β – 氧化作用，除去 2 个碳原子而生成种种低级脂肪酸。

3. 果胶的酶解

果胶在果胶酶的作用下，水解成果胶酸和甲醇。

4. 单宁的酶解

单宁在单宁酶的作用下生成丁香酸。

$$(\text{RCOOCH}_3)_n \xrightarrow[n\text{H}_2\text{O}]{\text{果胶酶}} (\text{RCOOH})_n + n\text{CH}_3\text{OH}$$

果胶质　　　　　　　　　果胶酸　　　　甲醇

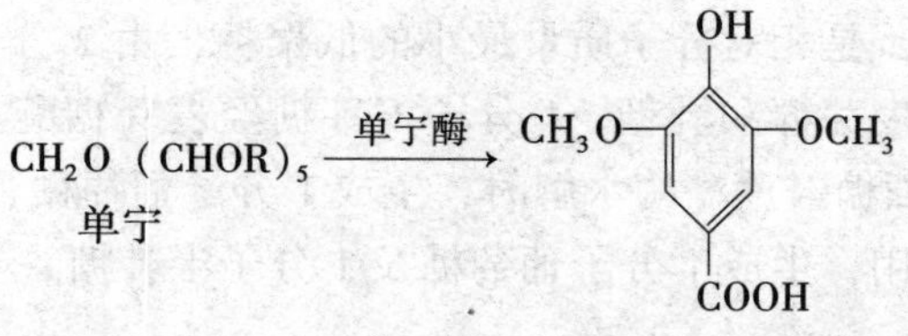

5. 有机磷酸化合物的酶解

在磷酸酯酶的作用下，磷酸自有机磷酸化合物中释放出来，为酵母等微生物的生长和发酵提供了磷源。

6. 纤维素、半纤维素的酶解

部分纤维素、半纤维素在纤维素酶及半纤维素酶的催化下，水解为少量葡萄糖、纤维二糖及木糖等糖类。

7. 木质素的酶解

木质素在白酒原料中也存在，它是一种含苯丙烷邻甲氧基苯酚等以不规则方式结合的高分子芳香族化合物。在木质素酶的作用下，可生成酚类化合物，如香草醛、香草酸、阿魏酸及 4 – 乙基阿魏酸等。若粮糟在加曲后、入窖之前采用堆积升温的方法，则可增加阿魏酸等成分的生成量。

此外，在糖化过程中，氧化还原酶等酶类也在起作用；加之发酵过程也在同时进行，故物质变化是错综复杂的，很难说得非常清楚。

✒ **课后练习**

一、名词解释

淀粉的糊化、淀粉的液化、熟淀粉的返生、糊精

二、简答题

1. 简述熟淀粉返生的原理。

2. 原料蒸煮过程中己糖产生哪些变化？

3. 淀粉糖化过程中淀粉酶解产物有哪些？

三、论述题

1. 论述淀粉糖化中淀粉酶解产物特性。

2. 查阅书籍、网络中有关制曲过程中物质变化的资料。

技能训练 11 淀粉糊化度的测定

一、实验目的

理解淀粉糊化度测定原理，具备测定淀粉糊化度方法和能力，能分析比较糊化度，并进一步熟悉淀粉糊化。

二、实验原理

淀粉经糊化后才能被淀粉酶作用，未糊化的淀粉（生淀粉）不能被淀粉酶作用。样品中的淀粉通常为部分糊化，需要测定其糊化度。将样品、完全糊化样品分别用淀粉酶水解，测定释放出的葡萄糖含量，以样品的葡萄糖释放量与同一来源的完全糊化样品的葡萄糖释放量之比来表示淀粉糊化度。

三、实验器材

1. 试剂

糖化酶。

缓冲液：将 3.7mL 冰醋酸和 4.1g 无水乙酸钠（或 6.8g $NaC_2H_3O_2 \cdot 3H_2O$）溶于大约 100mL 蒸馏水中，定容至 1000mL，必要时可滴加乙酸或乙酸钠调整 pH 至 4.5 ±0.05。

酶溶液：将葡萄糖淀粉酶（糖化酶）溶于 100mL 缓冲液，过滤。

蛋白沉淀剂：$ZnSO_4 \cdot 7H_2O$，100g/L 蒸馏水溶液；0.5mol/L NaOH。

铜试剂：将 40g 无水 Na_2CO_3 溶于大致 400mL 蒸馏水中，加 7.5g 酒石酸，

溶解后加 4.5g $CuSO_4 \cdot 5H_2O$，混合并稀释至 1000mL。

磷钼酸试剂：取 70g 钼酸和 10g 钨酸钠，加入 400mL 10% NaOH 和 400mL 蒸馏水，煮沸 20~40min 以驱赶 NH_3，冷却，加蒸馏水至大约 700mL，加 250mL 浓正磷酸（85% H_3PO_4），用蒸馏水稀释至 1000mL。

2. 仪器

电子天平（灵敏度 0.001g），恒温水浴锅，分光光度计。

四、实验步骤

1. 酶溶液配制

称取 0.5g 糖化酶于 100mL 容量瓶中，加缓冲液定容，过滤，备用。

2. 准确称取两份样品（碎米粉）各 100mg 于 25mL 刻度试管。其中一份用于制备完全糊化样品，另一份为测定样品。

（1）完全糊化样品 向样品中加入 15mL 缓冲液，记录液面高度。混匀，沸水浴 50min，冷却，补加缓冲液恢复液面高度。

（2）待测样品 向样品中加入 15mL 缓冲液。

（3）空白管 取 1 支空的 25mL 刻度试管，直接加入 15mL 缓冲液，不加样品。

3. 上述 3 支刻度试管分别加入 1mL 酶溶液，摇匀，40℃水浴 50min，每隔 15min 摇动一次。加入 20mL 10% $ZnSO_4 \cdot 7H_2O$，摇匀再加入 1mL 0.5mol/L NaOH。加蒸馏水稀释至 25mL，混匀，过滤。

4. 吸取 0.1mL 滤液和 2mL 铜试剂，置于 25mL 刻度试管中。

5. 将该试管置沸水浴 6min，保持沸腾，加 2mL 磷钼酸试剂，继续加热 2min。

6. 用自来水将试管冷却，加蒸馏水稀释至 25mL，堵住试管口，反复颠倒使之混匀。

7. 用分光光度计在波长 420nm 处读取吸收值。

8. 计算测定样品糊化度

五、结果计算

1. 计算公式

$$糊化度（\%）= \frac{测定样品光吸收 - 空白光吸收}{全糊化样品光吸收 - 空白光吸收} \times 100\%$$

2. 数据记录

表1 样品吸光度和糊化度记录表

样品	空白对照	待测样品	完全糊化样品
吸光度			

3．数据处理

六、结果分析

通过调节 pH 以及加热，破坏淀粉结晶体，使淀粉糊化成具有黏性的糊状溶液。在谷类生产中，需了解产品的糊化度。淀粉酶在适当 pH 和温度下，能在一定的时间内将糊化淀粉转化成还原糖及 β – 糊精，转化的还原糖与淀粉的糊化程度成正比。检测出还原糖量，即可计算出淀粉糊化度。

模块七 白酒生产发酵、蒸馏过程的物质变化

模块描述

白酒生产每个阶段都会发生许多物质变化，而最主要的是糖化发酵过程和蒸馏过程，会产生白酒主要成分酒精和对白酒品味有利的产物，本模块主要从白酒发酵中的有机物醇类、羰基化合物类、有机酸、酯主要种类和生成途径等方面进行学习。

知识目标

1. 识记白酒中醇的种类作用，掌握熟悉乙醇、杂醇油和多元醇的生成途径，以及乙醇生成的影响因素。

2. 认识白酒中有机酸的种类作用，熟悉它们的生成途径。

3. 熟悉白酒生产中酯类的生成途径，了解白酒中各种酯生成的影响因素。

4. 认识白酒中羰基化合物的作用和生成途径。

5. 具备糯米酒酿制基本能力。

白酒 98% ~ 99% 是乙醇和水，构成了白酒的主干，1% ~ 2% 由微量的有机酸、酯、杂醇、醛、酮、含硫化合物、含氮化合物以及极其微量的无机化合物（固形物）等组成，它们决定了白酒的香和味，构成了白酒的典型性和风格。

白酒生产从酿酒原料淀粉等物质到乙醇等成分的生成，均是在多种微生物的共同参与、作用下，经过极其复杂的糖化、发酵过程而完成的，以浓香型大曲酒生产为例可把整个糖化发酵过程划分为三个阶段。

1. 主发酵期

原辅料配料后摊凉下酒曲，形成的混合物称为糟醅，糟醅进入窖池密封

后，直到乙醇生成的过程，这一阶段为主发酵期。它包括糖化与酒精发酵两个过程。

密封的窖池，尽管隔绝了空气，但霉菌可利用糟醅颗粒间形成的缝隙所蕴藏的稀薄空气进行有氧呼吸，而淀粉酶将可溶性淀粉转化生成葡萄糖。这一阶段是糖化阶段。而在有氧的条件下，大量的酵母菌进行菌体繁殖，当霉菌等把窖内氧气消耗完了以后，整个窖池呈无氧状态，此时酵母菌进行酒精发酵。酵母菌分泌出的酒化酶对糖进行酒精发酵。

固态法白酒生产，糖化、发酵不是截然分开的，而是边糖化边发酵。因此，边糖化边发酵是主发酵期的基本特征。

在封窖后的几天内，由于好气性微生物的有氧呼吸，产生大量的二氧化碳，同时糟醅逐渐升温，温度应缓慢上升，当窖内氧气完全耗尽时，窖内糟醅在无氧条件下进行酒精发酵，窖内温度逐渐升至最高，而且能稳定一段时间后，再开始缓慢下降。

2. 生酸期

在这个阶段内，窖内糟醅经过复杂的生物化学等变化，除酒精、糖的大量生成外，还会产生大量的有机酸。主要是乙酸和乳酸，也有己酸、丁酸等其他有机酸。

在窖内除了霉菌、酵母菌外，还有细菌，细菌代谢活动是窖内酸类物质生成的主要途径。糖源是窖内生酸的主要基质，由醋酸菌作用将葡萄糖生成醋酸，也可以由酵母酒精发酵支路生成醋酸。乳酸菌可将葡萄糖发酵生成乳酸。酒精经醋酸菌氧化也能生成醋酸。糟醅在发酵过程中，酸的种类与酸的生成途径也是较多的。

3. 产香味期

经过二十多天，酒精发酵基本完成，同时产生有机酸，酸含量随着发酵时间的延长而增加。从这一时间算起直到开窖止，这一段时间内是发酵过程中的产酯期，也是香味物质逐渐生成的时期。

糟醅中所含的香味成分是极多的，浓香型大曲酒的呈香呈味物质是酯类物质，酯类物质生成的多少，对产品质量有极大影响。在酯化期，酯类物质的生成主要是生化反应。在这个阶段，由微生物细胞中所含酯酶的催化作用而使酯类物质生成，化学反应的酸、醇作用生成酯，速度是非常缓慢的。在酯化期，都要消耗大量的醇和酸。

在酯化期除了大量生成己酸乙酯、乙酸乙酯、乳酸乙酯、丁酸乙酯等酯类外，同时伴随生成另一些香味物质。

课题一　白酒发酵中醇的生成

白酒中的醇包括一元醇、多元醇和芳香醇，如乙醇、异戊醇、正丙醇、异丁醇、正丁醇、仲丁醇等，属于醇甜和助香剂的主要物质来源，对形成酒的风味和促使酒体丰满、浓厚起着重要的作用。由霉菌、酵母菌、细菌等微生物利用糖、氨基酸等成分而生成。

一、乙醇的生成

白酒生产中，乙醇（酒精）是由微生物发酵产生的，微生物先将糖类分解为葡萄糖，葡萄糖降解至丙酮酸后，丙酮酸的进一步代谢去向视不同的微生物和环境条件而异。如酵母菌、细菌及根霉都能将葡萄糖发酵成酒精，但发酵机理不同。

1. 酵母菌的酒精发酵

发酵时，酵母菌产生的酒化酶能够催化葡萄糖生成酒精和二氧化碳，酵母菌的酒精发酵，属于无氧发酵过程。该过程包括葡萄糖酵解（简称EMP 途径或 EM 途径）和丙酮酸的无氧降解两大生化反应过程，但通常将它们总称为葡萄糖酵解。整个过程分为三个阶段：1mol 葡萄糖生成2mol 丙酮酸（糖酵解），丙酮酸先由脱羧酶脱羧生成乙醛，再由乙醇脱氢酶还原成乙醇。

（1）第一阶段　糖酵解。

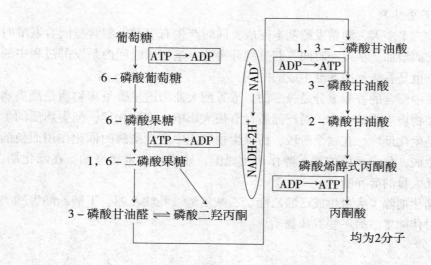

（2）第二阶段　丙酮酸脱羧生成乙醛。

$$CH_3COCOOH \longrightarrow CH_3CHO + CO_2$$
丙酮酸　　　　乙醛

（3）第三阶段　乙醛还原成乙醇。

$$CH_3CHO + NADH + H^+ \longrightarrow CH_3CH_2OH + NAD^+$$
乙醛　　　　　　　　　　乙醇

总的反应式为：

$$C_6H_{12}O_6 + 2ADP + 2H_3PO_4 \xrightarrow{\text{酒化酶}} 2C_2H_5OH + 2CO_2 + 2ATP + 10.6kJ$$
葡萄糖　　　　　　　　　　　　　　　　酒精

ADP 是二磷酸腺苷，ATP 是三磷酸腺苷。

（4）反应中的酶类　酒化酶是从葡萄糖到酒精一系列生化反应中各种酶及辅酶的总称，主要包括已糖磷酸化酶、氧化还原酶、烯醇化酶、脱羧酶及磷酸酶等，这些酶均为酵母的胞内酶。

（5）实际和理论产酒精的量　100kg 葡萄糖在理论上可生成 51.1kg 酒精。实际产率有差距。原因主要是：第一，发酵过程中伴生的副产物很多；第二，发酵微生物菌体繁殖和维持生命要消耗糖分；第三，白酒贮存过程中发生化学反应或酒精挥发。

（6）酒醅中酒精含量变化　随着发酵时间的推移，酒醅中酒精含量增加，呈现一定规律。具体表现为：

发酵前期：酒醅中含有一定量的氧，酵母菌得以大量繁殖，而酒精发酵作用微弱；2 ~ 5d，酵母菌达 10^7 个/mL。

发酵中期：酵母菌已达足够数量，酒醅中空气也基本耗尽，故酒精发酵作用较强，醅的酒精含量迅速增长，持续 8d 左右，酵母菌动态平衡。

发酵后期：持续几周，酵母菌逐渐衰老或死亡，酒精发酵已基本停止，酒醅中的酒精含量增长甚微，甚至略有下降。

（7）不同工艺出酒率特点　通常混蒸续糟法大曲酒的大糟酒醅出窖时的酒精含量约为 6%，高者达 7% ~ 8%；清蒸清糟法大曲酒大糟酒醅（第一次发酵产生的酒醅）出缸时酒精含量为 11% ~ 12%，但二糟酒醅（大糟酒醅蒸完后，再加曲发酵一次产生的酒醅）出缸时酒精含量仅为 5% 左右。

酒精发酵属厌氧发酵，要求发酵在密闭条件下进行。如果有空气存在，酵母菌就不能完全进行酒精发酵，而部分进行呼吸作用，使酒精产量减少，这就是窖池要密封的原因。

2. 细菌的酒精发酵

细菌由 ED 途径将葡萄糖发酵成酒精。即葡萄糖被磷酸化后，再氧化成6 –

磷酸葡萄糖酸。这时，因脱水而形成 6 – 磷酸 – 2 – 酮 – 3 – 脱氧葡萄糖酸（KDPG）后，再经 KDPG 缩酶的分解作用，可由 1mol 葡萄糖生成 2mol 丙酮酸，并生成 1mol ATP。

细菌的酒精发酵是存在于某些缺乏完整 EMP 途径的微生物中的一种替代途径，为微生物所特有。如运动发酵单胞菌。其特点为葡萄糖只经过 4 步反应即可快速获得由 EMP 途径须经 10 步反应才能够形成的丙酮酸。产能水平较酵母酒精发酵低。1 分子的葡萄糖分解为 2 分子丙酮酸时，只净得 2 分子 ATP 和 1 分子 NADH。

（1）ED 途径的具体过程

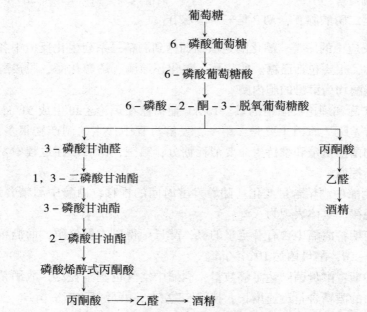

（2）EMP 与 ED 途径比较及分析　ED 途径与上述 EMP 途径相比，EMP 途径由 1mol 葡萄糖生成 2mol ATP，而 ED 途径只生成 1mol ATP。ATP 的生成量与菌体生成量成比例，故利用细菌发酵产酒精时，生成的菌体量也约为酵母菌之半。因细菌菌体生成量较少，故酒精产率较高。但能产酒精的细菌，大多同时生成一些副产物，诸如丁醇、2，3 – 丁二醇等醇类，甲酸、乙酸、丁酸、乳酸等有机酸，阿糖醇、甘油和木糖醇等多元醇，以及甲烷、二氧化碳、氢气等气体。因而细菌发酵时酒精的实际得率比酿酒酵母要低。在白酒生产中，酒精发酵过程主要是由各种酵母菌来完成的。

二、高级醇的生成

高级醇是指除乙醇以外，含有 3 个碳以上的一价醇类，为一类高沸点物质，是白酒香味的重要来源，包括正丙醇、仲丁醇、异丁醇、异戊醇、活性戊醇等醇类。平时所说的杂醇油就是这些高级醇的混合体，白酒中的杂醇油以异丁醇、异戊醇为主，因其溶于高浓度乙醇而不溶于低浓度乙醇及水并呈油状，故名杂醇油。

白酒生产中高级醇的生成途径有 3 条，其中以前两条途径为主，即酵母利用糖及原料蛋白质分解或菌体蛋白水解成的氨基酸合成杂醇油，两条途径中 α - 酮酸及醛均为重要的中间产物。

(1) 由氨基酸脱氨、脱羧（去 CO_2），生成比氨基酸分子少 1 个碳原子的高级醇。

这种反应在酵母菌细胞内进行，其反应通式为：

$$R—CH—COOH + H_2O \longrightarrow RCH_2OH + NH_3 + CO_2$$
$$\overset{|}{NH_2}$$

例如，

$$\begin{array}{l} CH_3 \\ | \\ CHCH_2CH(NH_2)COOH + H_2O \longrightarrow \\ | \\ CH_3 \end{array} \quad \begin{array}{l} CH_3 \\ | \\ CHCH_2CH_2OH + NH_3 + CO_2 \\ | \\ CH_3 \end{array}$$

亮氨酸　　　　　　　　　　　　　　异戊醇

$$\begin{array}{l} CH_3 \\ | \\ CHCH(NH_2)COOH + H_2O \longrightarrow \\ | \\ CH_3 \end{array} \quad \begin{array}{l} CH_3 \\ | \\ CHCH_2OH + NH_3 + CO_2 \\ | \\ CH_3 \end{array}$$

缬氨酸　　　　　　　　　　　　　　异丁醇

$$\begin{array}{l} CH_3 \\ | \\ CHCHCOOH + H_2O \longrightarrow \\ | \quad | \\ C_2H_5 \;\; NH_2 \end{array} \quad \begin{array}{l} CH_3 \\ | \\ CHCH_2OH + NH_3 + CO_2 \\ | \\ C_2H_5 \end{array}$$

异亮氨酸　　　　　　　　　　　　活性戊醇

正丙醇可由苏氨酸生成，也可由糖代谢中 α - 酮丁酸生成。

(2) 由糖代谢生成丙酮酸，丙酮酸与氨基酸作用，生成另一种氨基酸和另一种有机酸（α - 酮酸）；该有机酸脱羧变为醛，再还原成高级醇。例如，

$$丙酮酸 + 胱氨酸 \nearrow \begin{array}{l} 丙氨酸 \\ \searrow \alpha - 酮基异己酸 \xrightarrow{脱羧} 异戊醛 \xrightarrow{还原} 异戊醇 \end{array}$$

(3) 丙酮酸与乙酰辅酶 A 结合，由于碳链的增长，在蔗糖存在下，也可促进杂醇油的生成。

三、多元醇的生成

多元醇是指羟基数多于 1 个的醇类。微生物在好氧条件下可以发酵为多元

醇，白酒中多元醇含量较多，是白酒甜味和醇厚感的主要物质，其甜度随羟基数增加而增强。2，3 - 丁二醇、丙三醇（甘油）、丁四醇（赤藓醇）、戊五醇（阿拉伯醇）、己六醇（甘露醇）等都是甜味黏稠液，其中甘露醇在白酒中含量较多。

多元醇虽属于不挥发醇类，但在用甑蒸馏酒醅时，会由水蒸气将其部分地带入酒中。

1. 甘油的生成

甘油是酵母菌在酒精发酵过程的产物。发酵液中加入亚硫酸或碳酸钠，或添加食盐增加渗透压，会使酵母产生大量甘油。白酒生产中，甘油主要产于发酵后期，酒醅中蛋白质含量越多，温度及 pH 越高，则甘油的生成量也越多。其反应式为：

$$C_6H_{12}O_6 \longrightarrow C_3H_5(OH)_3 + CH_3CHO + CO_2$$
葡萄糖　　　　　甘油　　　　乙醛

或

$$2C_6H_{12}O_6 + H_2O \longrightarrow 2C_3H_5(OH)_3 + CH_3COOH + C_2H_5OH + 2CO_2$$
葡萄糖　　　　　　　　甘油　　　　乙酸　　　酒精

或

$$糖代谢 \longrightarrow \begin{matrix} CHO—\textcircled{P} \\ | \\ C=O \\ | \\ CH_2OH \end{matrix} \xrightarrow{+2H} \begin{matrix} CH_2O—\textcircled{P} \\ | \\ CHOH \\ | \\ CH_2OH \end{matrix} \xrightarrow{磷酸酯酶} \begin{matrix} CH_2OH \\ | \\ CHOH \\ | \\ CH_2OH \end{matrix}$$
　　　　　　　羟基磷酸丙糖　　　甘油磷酸　　　　甘油

某些细菌在有氧条件下也产甘油，同时产生2，3 - 丁二醇。

2. 甘露醇的生成

许多霉菌能产甘露醇，故大曲中含量较多。甘露醇在大曲酒、麸曲酒及小曲酒中都有检出。某些混合型乳酸菌也能利用葡萄糖生成甘露醇，并生成乳酸及乙酸。

$$3C_6H_{12}O_6 + H_2O \longrightarrow 2C_6H_{14}O_6 + CH_3CHOHCOOH + CH_3COOH + CO_2$$
葡萄糖　　　　　　　甘露醇　　　　乳酸　　　　醋酸

3. 2，3 - 丁二醇的生成

细菌在好氧条件下，可以产生2，3 - 丁二醇和甘油。

（1）由双乙酰生成　分两步进行，先由双乙酰生成醋酮及乙酸，再由醋酮如下式生成2，3 - 丁二醇。

$$CH_3COCHOHCH_3 + AH_2 \longrightarrow CH_3CHOHCHOHCH_3 + 辅酶A$$
　　醋酮　　　　还原型辅酶A　　2，3 - 丁二醇

（2）由多黏菌及产气杆菌生成。

$$C_6H_{12}O_6 \longrightarrow CH_3CHOHCHOHCH_3 + 2CO_2 + H_2$$
葡萄糖　　　　　2，3 - 丁二醇

（3）由赛氏杆菌生成。反应式同（2）。

（4）由枯草芽孢杆菌生成，同时生成甘油。

$$3C_6H_{12}O_6 \longrightarrow 2CH_3CHOHCHOHCH_3 + 2CH_2OHCHOHCH_2OH + 4CO_2$$

葡萄糖　　　　　　2，3 – 丁二醇　　　　　　甘油

课题二　白酒发酵中酸的生成

白酒生产中大多有机酸是由细菌生成的。通常在发酵前期及中期生酸量较少，发酵后期则产酸较多。

白酒生产糖化和发酵均需在一定的 pH 范围内进行，白酒生产中应掌握好入窖（缸）物料的酸度，并需控制好发酵过程中酒醅的升酸幅度。一般大曲酒醅的酸度增长幅度为 0.7 ~ 1.6。

白酒酒醅（醪）中形成的有机酸种类很多，酸类产生的途径也很多。酵母菌在产酒精时，产生多种有机酸，根霉等霉菌产乳酸等有机酸，但大多有机酸是由细菌生成的。

一、甲酸的生成

甲酸是酒精发酵的中间产物之一，是由发酵中间产物丙酮酸加水分子产生，同时产生乙酸。

$$CH_3COCOOH + H_2O \longrightarrow CH_3COOH + HCOOH$$

丙酮酸　　　　　　　　乙酸　　　甲酸

二、乙酸（醋酸）的生成

乙酸又名醋酸，是酒精发酵必然产生的中间产物，白酒中都有乙酸的存在，是酒中挥发酸的组成，也是形成丁酸、己酸、酯类的主要前体物质，乙酸的产生有以下 3 条途径。

1. 酵母菌酒精发酵产乙酸

酒精发酵时，生成酒精的同时，伴随着乙酸和甘油的生成。

$$2C_6H_{12}O_6 + H_2O \longrightarrow C_2H_5OH + CH_3COOH + 2CH_2OHCHOHCH_2OH + 2CO_2$$

葡萄糖　　　　　　　　酒精　　　乙酸　　　甘油

2. 醋酸菌将酒精氧化为乙酸

醋酸菌代谢中，由酒精氧化产生乙酸，醋酸菌能氧化细菌，导致细菌的酒精发酵减少，因此对酒精的产生有不良影响。

$$CH_3CH_2OH \xrightarrow{[O_2]} CH_3COOH + H_2O$$

酒精　　　　　　　　乙酸

3. 糖经发酵生成乙醛，再经歧化作用生成乙酸

$$2CH_3CHO + H_2O \longrightarrow CH_3COOH + CH_3CH_2OH$$

乙醛   乙酸   酒精

乙酸和酒精是同时形成的，当糖分发酵约 50% 时，酒醅中乙酸含量最高；在发酵后期，醅中酒精含量较多时，则乙酸生成量较少。酵母菌的生长及发酵条件较好时，乙酸生成量较少。若酒醅中进入枯草芽孢杆菌，则乙酸生成量较多。

三、乳酸的生成

乳酸是含有羟基的有机酸，乳酸发酵是指糖经无氧酵解而生成乳酸的发酵，它也可由多种微生物产生。进行乳酸发酵的主要微生物是细菌，其发酵类型分为两种，一是发酵产物只有乳酸的乳酸同型发酵，一是发酵产物除乳酸外还有乙酸、乙醇、CO_2、H_2 的异性乳酸发酵。

1. 同型乳酸菌发酵

同型乳酸菌发酵又称正常型或纯型乳酸发酵，即发酵产物全为乳酸。

$$C_6H_{12}O_6 \longrightarrow 2CH_3CHOHCOOH$$

葡萄糖   乳酸

2. 异型乳酸发酵

异型乳酸发酵或称异常型乳酸发酵。其发酵产物因菌种而异，除生成乳酸外，还同时生成乙酸、酒精、甘露醇等成分。大体有以下三条反应途径。

$$C_6H_{12}O_6 \longrightarrow CH_3CHOHCOOH + C_2H_5OH + CO_2$$

葡萄糖   乳酸   酒精 二氧化碳

$$2C_6H_{12}O_6 + H_2O \longrightarrow 2CH_3CHOHCOOH + CH_3COOH + C_2H_5OH + 2CO_2 + 2H_2$$

葡萄糖   乳酸   乙酸 酒精

$$3C_6H_{12}O_6 + H_2O \longrightarrow 2C_6H_{14}O_6 + CH_3CHOHCOOH + CH_3COOH + CO_2$$

葡萄糖   甘露醇 乳酸   乙酸

四、琥珀酸的生成

琥珀酸学名为丁二酸，主要由酵母菌于发酵后期，由氨基酸去氨基作用而产生，通常延长发酵期可增加其生成量。

五、丁酸（酪酸）的生成

丁酸又称酪酸，是由丁酸菌或异型乳酸菌发酵而成。

1. 由丁酸菌将葡萄糖、氨基酸、乙酸和酒精生成丁酸

$$C_6H_{12}O_6 \longrightarrow CH_3CH_2CH_2COOH + 2CO_2 + 2H_2$$

葡萄糖   丁酸

$$RCHNH_2COOH \xrightarrow{[H]} CH_3CH_2CH_2COOH + NH_3 + CO_2$$
　　　氨基酸　　　　　　　　　　丁酸

$$CH_3COOH + C_2H_5OH \xrightarrow{[H]} CH_3CH_2CH_2COOH + H_2O$$
　　乙酸　　酒精　　　　　　　　丁酸

2．丁酸菌将乳酸发酵为丁酸

有如下 2 条途径：

（1）　　$CH_3CHOHCOOH + CH_3COOH \longrightarrow CH_3CH_2CH_2COOH + H_2O + CO_2$
　　　　　乳酸　　　　乙酸　　　　　　丁酸

（2）　　　　　$CH_3CHOHCOOH + H_2O \xrightarrow{-2H_2} CH_3COOH + CO_2$
　　　　　　　　乳酸　　　　　　　　　乙酸

再由乙酸变为丁酸：

$$2CH_3COOH + 2H_2 \longrightarrow CH_3CH_2CH_2COOH + 2H_2O$$
　　　　乙酸　　　　　　　　　丁酸

六、己酸的生成

克拉瓦梭菌是产己酸的细菌。1963 年，巴克等在研究甲烷菌时偶然发现产己酸的细菌。该菌与奥氏甲烷菌共栖，能将低级脂肪酸合成较高级的脂肪酸，被命名为克拉瓦梭菌。它可将乙酸和酒精合成丁酸和己酸，也可由丁酸和酒精结合成己酸，还能将丙酸和酒精合成戊酸，进而合成庚酸。

1．由酒精和乙酸合成丁酸或己酸

（1）当醅中乙酸多于酒精时，主要产物为丁酸。

$$CH_3CH_2OH + CH_3COOH \longrightarrow CH_3CH_2CH_2COOH + H_2O$$
　　　乙醇　　　　乙酸　　　　　　丁酸

（2）当醅中乙醇多于乙酸时，主要产物为己酸。

$$2C_2H_5OH + CH_3COOH \longrightarrow CH_3CH_2CH_2CH_2CH_2COOH + 2H_2O$$
　　　乙醇　　　乙酸　　　　　　　己酸

2．乙醇和丁酸合成己酸

本反应由己酸菌进行。

$$C_3H_7COOH + C_2H_5OH \longrightarrow C_6H_{11}COOH + H_2O$$
　　丁酸　　　酒精　　　　　己酸

3．葡萄糖降解为丙酮酸后，丙酮酸转化为丁酸，丁酸再与乙酸合成己酸

各反应式如下：

$$C_6H_{12}O_6 \longrightarrow 2CH_3COCOOH + 2H_2$$
　　葡萄糖　　　　　丙酮酸

$$2CH_3COCOOH + 2H_2O \longrightarrow CH_3CH_2CH_2COOH + CH_3COOH + 2O_2$$

　　丙酮酸　　　　　　　　　　丁酸　　　　　　乙酸

$$CH_3CH_2CH_2COOH + 2CH_3COOH + 2H_2 \longrightarrow CH_3(CH_2)_4COOH + CH_3COOH + 2H_2O$$

　丁酸　　　　　乙酸　　　氢气　　　　　己酸　　　　　乙酸

课题三　白酒发酵中酯的生成

　　酯是由醇和酸的酯化作用而生成的，白酒中的酯主要是乙酸乙酯、乳酸乙酯、丁酸乙酯及己酸乙酯，它们是白酒香味的关键成分，称为四大酯类。

　　白酒生产中酯是由微生物发酵过程的生化反应生成的，这是白酒生产中产酯的主要途径，存在于酒醅中的汉逊酵母、假丝酵母等微生物，均有较强的产酯能力。

　　Peel 等人曾研究利用汉逊酵母将乙醇和乙酸合成乙酸乙酯的条件。马场为三等人也曾研究清酒酵母的酯化反应。Nordstron 利用啤酒酵母探究酯化机理，发现乙酸需先活化成乙酰辅酶 A，才能与酒精在酵母细胞内合成乙酸乙酯，否定了酸与醇可直接结合为酯的观点，并提出了由脂肪酸和醇生物合成脂肪酸酯的通式如下：

$$RCO \sim SCoA + \quad R'OH \xrightarrow{\text{酯化酶}} \quad RCOOR' + \quad SHCoA$$

　　酰基辅酶 A　　　醇　　　　　　　　酯　　　　辅酶 A

　　催化这一反应的酶被称为酯化酶，酯化酶存在或靠近于细胞外膜，或存在于液泡，故为胞内酶，酵母菌、霉菌、细菌的细胞中含有酯化酶，在酒精发酵过程中，酯化酶能催化细胞内的活性酸 – 酰基辅酶 A 与醇结合生成酯。

一、乙酸乙酯的产生

　　丙酮酸脱羧为乙醛，再氧化成乙酸，并在转酰基酶作用下生成乙酰辅酶 A，或由丙酮酸氧化脱羧为乙酰辅酶 A。乙酰辅酶 A 在酯化酶作用下与乙醇合成乙酸乙酯。

$$CHCOSCoA + \quad C_2H_5OH \xrightarrow{\text{酯化酶}} \quad CH_3COOC_2H_5 + \quad SHCoA$$

　　乙酰辅酶 A　　乙醇　　　　　　　乙酸乙酯　　　辅酶 A

二、乳酸乙酯的产生

　　乳酸乙酯的合成，是由乳酸经转酰基酶活化成乳酰辅酶 A，再在酯化酶作用下与乙醇合成乳酸乙酯。

$$CH_3CHOHCOOH + \quad SHCoA \xrightarrow{\text{酰基转移酶}} CH_3CHOHCO \sim SCoA + \quad C_2H_5OH \xrightarrow{\text{酯化酶}} CH_2CHOHCOOC_2H_5$$

乳酸　　　　　　辅酶 A　　　　　　　乳酰辅酶 A　　　　乙醇　　　　　　乳酸乙酯

三、丁酸乙酯

丁酸乙酯的生成同样由丁酸转酰基化为丁酰辅酶 A，再酯化为丁酸乙酯。

$$C_3H_7COOH + SHCoA \xrightarrow{\text{酰基转移酶}} C_3H_7CO \sim SCoA + C_2H_5OH \xrightarrow{\text{酯化酶}} C_3H_7COOC_2H_5$$

丁酸　　　辅酶 A　　　　　　　　丁酰辅酶 A　　　乙醇　　　　　　　丁酸乙酯

四、己酸乙酯的产生

己酸乙酯也是由己酸转酰基化为己酰辅酶 A，再酯化为己酸乙酯。

$$C_5H_{11}COOH + SHCoA \xrightarrow{\text{酰基转移酶}} C_5H_{11}CO \sim SCoA + C_2H_5OH \xrightarrow{\text{酯化酶}} C_5H_{11}COOC_2H_5$$

己酸　　　辅酶 A　　　　　　　　己酰辅酶 A　　　乙醇　　　　　　　己酸乙酯

课题四　白酒发酵中羰基化合物的生成

醛类及酮类，因均含有羰基（$>C=O$），故统称为羰基化合物。白酒生产中会生成较多羰基化合物，如醇经氧化、酮酸脱羧、氨基酸脱氨、脱羧等反应，均可生成相应的醛、酮。

一、乙醛的形成

酒精发酵过程中，葡萄糖转化成丙酮酸后，脱羧生成乙醛，乙醛还原为酒精。此期间乙醛是中间产物，容易迅速还原，酒醅中存留很少。当酒醅中产生大量酒精后，乙醇被氧化成乙醛，是成品酒中乙醛的主要产生途径。乙醛沸点较低，在贮存中易挥发。

1. 由葡萄糖酵解生成的丙酮酸脱羧而成

$$C_6H_{12}O_6 \xrightarrow{-2H_2} 2CH_3COCOOH \xrightarrow{-2CO_2} 2CH_3CHO$$

葡萄糖　　　　　　　丙酮酸　　　　　　　乙醛

2. 由酒精氧化而成

$$2C_2H_5OH + O_2 \rightarrow 2CH_3CHO + 2H_2O$$

酒精　　　　　　己醛

3. 由丙氨酸脱氨、氧化而成的丙酮酸脱羧而成

$$CH_3CH(NH_2)COOH \xrightarrow{-NH_3, +[O]} CH_3COCOOH \xrightarrow{-CO_2} CH_3CHO$$

丙氨酸　　　　　　　　　　　　丙酮酸　　　　　　乙醛

4. 由丙氨酸水解、脱氨、脱羧生成的乙醇氧化而成

$$CH_3CH(NH_2)COOH \xrightarrow{+H_2O,\ -CO_2,\ -NH_3} C_2H_5OH \xrightarrow{-H_2} CH_3CHO$$

丙氨酸 　　　　　　　　　　　　　丙酮酸　　乙醛

二、丙烯醛的形成

白酒生产中，发酵不正常时，会闻到刺鼻的辣味，这是酒中有丙烯醛造成的。丙烯醛又名甘油醛，当酒醅或酒醪感染大量杂菌时，酒醅或酒醪中的甘油会产生大量的丙烯醛。其反应途径如下。

$$
\begin{array}{ccccc}
CH_2OH & & CHO & & CHO \\
| & & | & & | \\
CHOH & \xrightarrow{-H_2O} & CH_2 & \xrightarrow{-H_2O} & CH \\
| & & | & & \| \\
CH_2OH & & CH_2OH & & CH_2 \\
甘油 & & 丙烯醇 & & 丙烯醛
\end{array}
$$

当生产中产生丙烯醛较多时，蒸出来的新酒燥辣，丙烯醛沸点只有 50℃，故白酒贮存后，丙烯醛挥发辣味大大减少。

三、糠醛、缩醛、高级醛酮的形成

1. 糠醛的形成

白酒生产原辅料中，细胞壁含有半纤维素成分，半纤维素经半纤维素酶分解成的戊糖，在微生物作用下发酵生成糠醛。

$$
C_5H_{10}O_5 \longrightarrow
\begin{array}{c}
H-C \underline{\quad\quad} C-H \\
\| \quad\quad\quad \| \\
H-C \quad\quad C-CHO \\
\diagdown\ O\ \diagup
\end{array}
+3H_2O
$$

戊糖 　　　　　　　糠醛

白酒中含有糠醛、醇基糠醛（糠醇）及甲基糠醛等呋喃衍生物。糠醛可进一步转化为甲基醛和羟基醛，白酒中可能还存在以呋喃为分子结构基础的更复杂的物质。它们也许均为焦香或酱香的成分之一。

2. 缩醛的形成

缩醛是由醛与醇缩合而成的物质，白酒中的缩醛以乙缩醛为主，其含量高者几乎接近于乙醛。其反应通式为：

$$RCHO + 2R'OH \longrightarrow RCH(OR')_2 + H_2O$$

醛 　　　 醇 　　　　 缩醛

例如，

$$CH_3CHO + 2C_2H_5OH \longrightarrow CH_3CH(OC_2H_5)_2 + H_2O$$

乙醛 　　　 乙醇 　　　　　 乙缩醛

3．高级醛、酮的形成

高级醛、酮是指分子中含 3 个碳以上的醛、酮，即羰基化合物。白酒酒醅或酒醪中的高级醛、酮，是由氨基酸分解而成。反应式如下：

$$R—\underset{\underset{NH_2}{|}}{CH}—COOH \xrightarrow[+[O]]{-NH_3} R\underset{\underset{O}{||}}{C}COOH \xrightarrow{-CO_2} \underset{醛}{RCHO} \xrightarrow{+H_2} \underset{醇}{RCH_2OH}$$

L-氨基酸　　　　　α-酮酸

$$RCHO \xrightarrow{[O]} \underset{有机酸}{RCOOH}$$

白酒中的醛酮类物质是重要的香味成分，但含量过多，会导致白酒出现异杂味。

课题五　白酒发酵中其他物质的生成

一、芳香族化合物的生成

芳香族化合物是苯及其衍生物的总称。凡羟基直接连在苯环上的称为酚，羟基连在侧链上的称为芳香醇。

白酒中的芳香族化合物多为酚类化合物，它们来自小麦或在制麦曲过程中由微生物生成，或在制麦曲时形成中间产物，再由酵母菌或细菌发酵而生成，并在发酵过程中相互转化，或由某些氨基酸及高粱中的单宁生成，如阿魏酸、香草醛、香草酸、香豆酸、4－乙基愈创木酚、酪醇及丁香。

阿魏酸　　　　4－乙烯基愈创木酚　　4－乙基愈创木酚

香草醛、香草酸、阿魏酸等来源于木质素，丁香酸来自单宁。若将高粱用60% 酒精浸泡，抽提液中含有大量酚类物质，其中有较多的阿魏酸和丁香酸。经酵母发酵后，主要生成丁香酸、丁醛和一些成分不明的芳香族化合物，因此有 "好吃不过高粱酒" 的说法。

二、硫化物的生成

白酒中的挥发性硫化物，如硫化氢、二甲基硫及硫醇等，大多来自胱氨酸、半胱氨酸及蛋氨酸等含硫氨基酸。特别是新酒中这些物质含量较多，它们是新酒味的主要成分，通过贮存，这些物质可挥发除去。硫化氢主要是由胱氨酸、半胱氨酸和它的前体物质——含硫蛋白质而来的。

课题六　白酒蒸馏过程中的物质变化

"造香靠发酵，提香靠蒸馏"，蒸馏是酿制白酒的一个重要操作阶段。白酒蒸馏就是把在发酵过程中产生的酒精加以浓缩并从酒醅中提取出来，产出成品酒，同时还把发酵过程中产出的微量香味物质挥发浓缩蒸入酒中，形成成品酒独特的风味。

一、酒精的变化

在大曲酒蒸馏过程中，酒精浓度不断变化，蒸馏液中酒度随酒醅中酒精成分的减少而降低；随着酒醅温度逐步上升，馏分中挥发性有机酸和高沸点物质的含量逐步增加。酒精主要在蒸馏开始时的一段时间里浓缩得较快，并主要集中在酒醅上层，接着很快下降。

蒸馏过程中要加入大量水，形成酒精水溶液。酒精水溶液中，在任何温度下，其酒精的蒸气压总是比水蒸气压要大得多，所以蒸气中的酒精含量要比被蒸发的酒精水溶液中的含量多。酒精和水的混合物沸点取决于它们在混合物中的数量比。在标准压力下，水的沸点为100℃，无水酒精的沸点则为78.3℃。随着酒精含量的逐渐增高，被蒸馏液体的沸点可以接近于纯酒精的沸点，当酒精含量降低时，混合物的沸点可一直升高到完全除去酒精时的100℃。

酒精和水混合物的酒精含量、沸点以及沸腾时在蒸气中的酒精含量之间的关系，对白酒蒸馏具有现实意义。

液体及蒸气中的无水酒精含量见表7-1。

表7-1　液体及蒸气中的无水酒精含量

液体中的酒精含量/%	蒸气中的酒精含量/%	浓缩系数	液体中的酒精含量/%	蒸气中的酒精含量/%	浓缩系数
1.0	10.5	10.50	20	65.5	3.27
2.0	18.5	9.25	30	71.2	2.37
3.0	26.3	8.76	40	74.0	1.85
4.0	31.2	7.80	50	76.7	1.53
5.0	36.0	7.20	60	78.9	1.37
6.0	39.8	6.63	70	81.7	1.16
7.0	43.3	6.18	80	85.5	1.06
8.0	46.3	5.78	90	91.2	1.01
9.0	40.2	5.46	96.57	95.57	1.0
10.0	51.6	5.16			

二、白酒蒸馏香味成分

发酵酒醅中有浓郁的香气，但蒸馏之后，白酒与酒醅的香味则完全不同。蒸馏中有微量香气成分损失，还有对热敏感物质受到破坏，其中一部分生成另一种香味物质。当酒醅蒸馏时，因热破坏了一部分香味物质，同时，又重新组合了一部分香味物质，白酒香味成分的组成比例也发生了变化。

在白酒的蒸馏过程中，其香味成分可分为醇水互溶、醇溶水不（难）溶物质、水溶醇不溶物质三类，前两类不同的香味成分在蒸馏过程中表现一定的规律，后者多数残留于酒醅中。

1. 醇水互溶的物质

这些组分在低酒精浓度的酒精−水混合溶液中蒸馏时，各组分在气相中浓度的大小，主要受分子吸引力大小的影响。倾向于醇溶性的物质，根据氢键作用的原理，除甲醇和有机酸外，丙醇、异戊醇等多数低碳链的高级醇、乙醛和其他醛等，在蒸馏时各馏分的含量为：酒头＞酒身＞酒尾。而倾向于水溶性的乳酸等有机酸、高级脂肪酸，由于酸根与水中氢键具有十分紧密的缔合力，难以挥发，因此，在馏分中的含量为酒尾＞酒身＞酒头。

2. 醇溶水不（难）溶物质

这类香味物质如酯类（乙酸乙酯、丁酸乙酯、亚油酸乙酯、油酸乙酯等）、高级醇类（异戊醇等）倾向于醇溶性的物质，在馏分的含量为酒头＞酒身＞酒尾。而例外的是乳酸乙酯，它更集中在含酒精 50% 以下的尾酒中。

3. 醇不溶而水溶的物质

这类物质如各种矿物质元素及其盐类，在水中呈阴阳离子状态，多数醇难溶倾向溶于水。多数有机酸和糠醛等高沸点物质，在馏分的含量为酒尾＞酒身＞酒头。

4. 高级醇和甲醇的特殊规律

高级醇和甲醇是醇水互溶的物质，其中甲醇可以任何比例与乙醇互溶，而高级醇可与乙醇互溶，在水中则溶解度小。高级醇的含量在蒸馏时的变化规律为酒头＞酒身＞酒。蒸馏时甲醇比乙醇更难挥发，甲醇在各馏分中变化规律为酒尾＞酒身＞酒头。

在白酒固态蒸馏时，水分子对醇、酸、酯等各种成分的氢键作用力表现为酸＞醇＞酯。

三、白酒蒸馏中物质变化

蒸馏初期积集的主要成分是酯、醛和杂醇油；随着时间的延长，它们的含量随之下降，而总酸适得其反，先低后高。甲醇则在初馏酒部分低，中馏酒部分高。

麸曲固态发酵大楂酒蒸馏测定见图7-1。

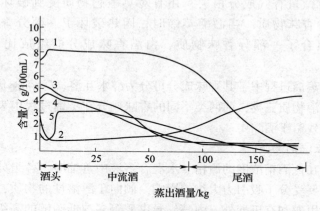

图7-1　麸曲固态发酵大楂酒蒸馏测定

1—酒精×10　2—总酸×10^{-1}　3—总酯×10^{-1}　4—总醛×10^{-2}　5—甲醇×10

麸曲固态发酵糟酒蒸馏测定见图7-2。

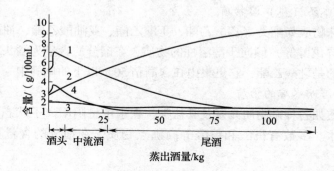

图7-2　麸曲固态发酵糟酒蒸馏测定

1—酒精×10　2—总酸×10^{-1}　3—总酯×10^{-1}　4—总醛×10^{-2}

　　例如，某优质白酒的主要香气成分蒸馏结果是甲酸、乙酸、丙酸、丁酸、戊酸、己酸、庚酸、乳酸，总的趋势是由少到多。绝大部分酸在酒尾中，其中乙酸、丁酸、己酸及乳酸在中馏酒以后呈直线上升。

　　乙酸乙酯、丁酸乙酯、己酸乙酯由高到低，主要集中在成品酒中。其中乙酸乙酯更富集于酒头部分。它们在酒中含量占总馏出量的百分率分别为：乙酸乙酯89%，己酸乙酯84%，丁酸乙酯81%，乳酸乙酯15%。

　　酸类蒸馏曲线见图7-3，乙酯类蒸馏曲线见图7-4。

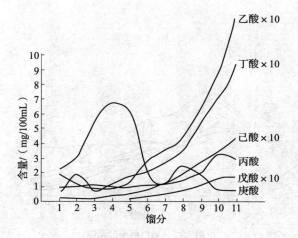

图7-3 酸类蒸馏曲线

馏分1~2为酒头，每一馏分自蒸馏开始计。

截取2L；馏分3~馏分7为中流酒，每一馏分截取5L；第8馏分起为酒尾，本馏分截取4.6L；馏分9~馏分11各截取10L。各馏分混匀后取样分析。

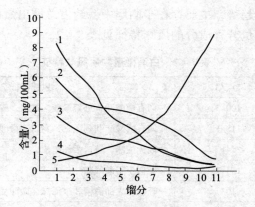

图7-4 乙酯类蒸馏曲线

1—乙酸乙酯×10² 2—己酸乙酯×10² 3—戊酸乙酯×10²

4—丁酸乙酯×10² 5—乳酸乙酯×10²

高沸点乙酯中含量最多的棕榈酸乙酯、油酸乙酯、亚油酸乙酯主要富集在酒头部分，随着蒸馏的进行，呈马鞍形状。实际上在固态蒸馏过程中，高级脂肪酸乙酯的含量是酒尾大于酒头。

异丁醇、异戊醇、正丁醇、正丙醇、仲丁醇在蒸馏过程中呈较为平稳而缓慢的下降趋势。它们在酒中的含量占总馏出量的百分率依次分别为：82.73%、87.23%、82.23%、78.75%及77.68%。

高级醇蒸馏曲线见图7-5。

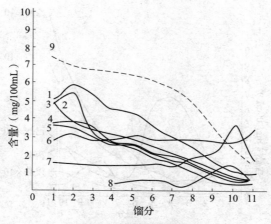

图 7 - 5　高级醇蒸馏曲线

1—正丁醇×10　2—异丁醇×10　3—正丙醇×10　4—异戊醇×10
5—仲丁醇×10　6—正己醇×10　7—正庚醇　8—正辛醇　9—酒精

乙醛与乙缩醛随蒸馏进程而逐步下降，较多地集中于前馏分中，乙醛占总馏出量的 80.24%，乙缩醛占 90.72%，糠醛则仅在中馏酒的后半部分才开始馏出，并呈逐步上升趋势，主要存在于酒尾中，约占总馏出量的 80%。

白酒中主要微量芳香成分的风味特征见表 7 - 2。

表 7 - 2　白酒微量物质风味特征

名称	沸点/℃	风味特征
甲酸	100.5	闻有微酸味，进口微酸，微涩，较甜
乙酸	118.1	闻有醋酸味和刺激感，爽口，微酸甜
丙酸	141	闻无酸味，进口柔和稍涩，微酸
异丁酸	154.7	类似正丁酸气味
正丁酸	163	轻微的大曲酒糟和窖泥味，微酸甜
正戊酸	187	有脂肪臭，似丁酸气味，稀时无臭，微酸甜
异戊酸	176.5	同正丁酸
乳酸	122	微酸、甜、涩，略有浓厚感
己酸	205	强脂肪臭，有刺激感，似大曲酒气味，爽口
庚酸	223	强脂肪臭，有刺激感
壬酸	255.6	特有脂肪气息及其气味
辛酸	239.7	脂肪臭，微有刺激感，置后浑浊
甲酸乙酯	64.3	似桃香，味辣，有涩感
乙酸乙酯	77	香蕉 - 苹果香，味辣带苦涩
丙酸乙酯	99	菠萝香，味微涩，似芝麻香

课后练习

1. 阐述白酒生产中酵母菌酒精发酵途径。
2. 阐述白酒生产中细菌酒精发酵途径。
3. 分别阐述白酒生产中乙酸和乳酸的产生途径。
4. 白酒生产中的四大酯类是哪些物质？分别说明它们的形成途径。
5. 白酒焦香或酱香的主要成分可能是什么？

技能训练12 酒精发酵实验

一、实验目的

学会酒精发酵方法，学会对酒的品质进行评价。

二、实验原理

根据微生物的种类不同（好氧、厌氧、兼性厌氧），微生物发酵可分为好氧性发酵和厌氧性发酵。酒酿制作中的微生物是酵母菌。酵母菌是兼性微生物，它在缺氧的条件下进行厌气性发酵，产生酒精，而在有氧即通气条件下则进行好氧发酵，大量繁殖菌体细胞。用 α-淀粉酶、糖化酶让原料液化、糖化，最后发酵产生酒精。

三、实验材料和器具

1. 材料

α-淀粉酶、糖化酶、酿酒酵母或耐高温活性干酵母、大米粉、麦芽汁培养基、米粉。

2. 器具

蒸馏烧瓶、蛇行冷凝管、100mL 容量瓶、量筒、电炉、酒精计、水浴锅、温度计、蒸锅、接种环、小刀、无菌平板。

四、实验步骤

1. 原料处理及蒸煮

取 250g 米粉加水 1250mL，入蒸锅蒸煮，蒸煮压力为 0.25MPa，蒸煮 30 ~ 45min，蒸煮完毕的醪液利用蒸煮锅的压力从蒸煮锅中排出，并送入糖化锅内，于 2000W 电炉上加热煮沸糊化 1h，为糊化醪。

2. 液化

上述糊化醪冷却到 85 ~ 90℃，按每克原料加 20Uα-淀粉酶，保温液化 10min，为液化醪。

3. 糖化

将液化醪冷至61~62℃，按200~300U/g原料加入糖化酶，保持糖化温度在58~60℃，糖化30min。

4. 酒精发酵

糖化完的醪液冷却至27~30℃，送往发酵容器，接入糖化醪量10%的酒母，混合均匀后，经60~72h发酵即成熟。控制前发酵期30℃10h，主发酵期30~34℃12h，后发酵期30~32℃40h。

5. 蒸馏

准确量取酒精发酵醪100mL于蒸馏烧瓶中，同时加入100mL蒸馏水，连好冷凝器，勿漏气，用电炉加热，将馏液收集于100mL容量瓶中，达到刻度时，立即倒入100mL量筒中，同时测定温度和酒精度。

品评自制酒的香气、口感、风格，记录。

参 考 文 献

1. 沈怡方. 白酒生产技术全书. 北京：中国轻工业出版社，2007.
2. 李大和. 白酒酿造培训教程. 北京：中国轻工业出版社，2013.
3. 郝涤非，杨霞. 食品生物化学. 大连：大连理工大学出版社，2011.
4. 刘婧. 食品生物化学. 北京：中国农业出版社，2009.
5. 彭志宏、杨霞. 食品生物化学. 北京：机械工业出版社，2011.
6. 张邦建、崔雨荣. 食品生物化学实训. 北京：科学出版社，2010.
7. 李巧枝、何金环. 生物化学. 北京：中国轻工业出版社，2009.
8. 李巧枝、程绎南. 生物化学实验技术. 北京：中国轻工业出版社，2010.
9. 周广田. 啤酒生物化学. 北京：化学工业出版社，2008.
10. 王镜岩. 生物化学教程. 北京：高等教育出版社，2003.